茶之书

经典自然
文学译丛

The Book of Tea

[日] 冈仓天心／著
闻春国／译

四川人民出版社

图书在版编目（CIP）数据

茶之书/（日）冈仓天心著；闻春国译．—成都：四川人民出版社，2021.8

（经典自然文学译丛）

ISBN 978－7－220－12292－7

Ⅰ．①茶…　Ⅱ．①冈…　②闻…　Ⅲ．①茶文化－日本　Ⅳ．①TS971.21

中国版本图书馆 CIP 数据核字（2021）第 105628 号

CHAZHISHU

茶　之　书

［日］冈仓天心　著　闻春国　译

策划组稿	张春晓
责任编辑	熊　韵
翻译统筹	刘荣跃
封面设计	张　科
版式设计	张迪茗
责任校对	韩　华
责任印制	祝　健
出版发行	四川人民出版社（成都槐树街 2 号）
网　　址	http://www.scpph.com
E-mail	scrmcbs@sina.com
新浪微博	@四川人民出版社
微信公众号	四川人民出版社
发行部业务电话	（028）86259624　86259453
防盗版举报电话	（028）86259624
照　　排	四川胜翔数码印务设计有限公司
印　　刷	四川机投印务有限公司
成品尺寸	130mm×185mm
印　　张	5.5
字　　数	75 千
版　　次	2021 年 8 月第 1 版
印　　次	2021 年 8 月第 1 次印刷
书　　号	ISBN 978－7－220－12292－7
定　　价	49.80 元

先把水烧开，

再加进茶叶，

然后把它全部喝掉。

这就是你所需要知道的一切，

除此之外，茶道并无神秘之处。[1]

——日本茶道大师千利休

目录

作者简介

冈仓天心（1863～1913）原名冈仓觉三，1863 年生于日本横滨一个商人家庭，是日本近代美术先驱、美术活动家、教育家、文艺理论家，被誉为日本“明治奇才”。七岁时，他进入外国人开办的英语学校学习英语。九岁，拜玄道和尚为师，跟随其学习《大学》《论语》《中庸》和《孟子》等汉学经典。16 岁时，冈仓进入东京大学，成为该校第一届学生。在这里，他与充分肯定日本文化的哲学教授——美国人欧内斯特·弗朗西斯科·芬诺洛萨（Ernest Francisco Fenollosa）相遇，并成为芬诺洛萨教授的助手，致力于拯救日本艺术品和日本文化。1880 年，冈仓天心毕业于东京大学文学部，获得文学学士学位，后来在文部省从事美术教育和古代美术保护工作，大力扶持狩野芳崖、桥本雅邦的美术创新活动。在日本全盘欧化的潮流中，冈仓天心主张保护和发展日本的传统美术，试图立足于狩野派绘画，兼取各派之长，并采用西方的绘画写实手法，创造了新日本画。1886～1887 年，他与芬诺洛萨教授一起，作为美术调查委员前往欧洲和美国考察。回国后，他致力于东京美术学校的创建，同时还创办了美术期刊《国华》。1889 年，东京美术学校正式创立；1890 年，冈仓天心担任东京美术学校第二任校长，兼任帝国博物馆理事、美术部部长等职；1891 年，他当选为日本青年绘画协会会长。从 1893 年起，他多次游历中国和印度，进一步加深了对东方文化的认识与理解。这一阶段也是冈仓天心从事社会活动最为活跃的时期。当时，该校的美术教育在日本颇为有名，培养了一大批美术家，如横山大观、下村观山、菱田春草等人。

1898 年，因受校内人士排挤，他被迫从东京美术学校辞职。此后，他与一同辞职的横山等人创立了日本美术院，并当选为评议长，开始推行日本画的改革运动。后来，随着冈仓天心创作能力的下降，日本美术院一度沉寂，但在其死后，又由横山等人重振旗鼓，并获得了成功。1904 年，由于芬诺洛萨的推荐，冈仓天心来到了美国波士顿美术馆的中国·日本美术部工作。此后，为了帮助该馆收集美术作品，他来回奔波于日本与美国之间。此外，冈仓天心也经常在茨城县的美术室工作。该美术室后来成为茨城大学五浦美术文化研究所。1910 年，冈仓天心成为波士顿美术馆中国·日本美术部部长。1912 年，他将从中国收购的赵佶摹本的《捣练图》横卷无偿地捐献给该美术馆。

冈仓天心一生致力于美术事业。他不仅是日本现代美术的开拓者和指导者，也是东方文化积极的鼓动者和宣传家。他宣传东方文化艺术的优越性，强调日本文化艺术的重要性，他首创的“亚洲一体说”使他作为国粹派理想主义者而闻名于世界。

冈仓天心一生的主要贡献是：组织了鉴画会，推动了日本美术复兴运动；创设了东京美术学校，并以其东方理想主义培养了一代新画家；创立了日本美术院及其展览馆，领导了新日本画的运动；向全世界宣传日本及东方文化，使之走向世界。1903～1906 年，他用英文相继写出了《理想之书》（又译《东洋的理想》）（*The Ideals of the Eastwith Special Reference to the Art of Japan*，1903）、《觉醒之书》（又译《日本的觉醒》）（*The Awakening of Japan*，1904）和《茶之书》（*The Book of Tea*，1906）等著作。其中，《理想之书》《觉醒之书》和《茶之书》被世人称为冈仓天心三部曲，对20世纪之初西方人对日本的印象产生了极为深远的影响。这些著作在西方世界广为传颂，成为当时欧美了解东方文化的代表性读本。其中，《茶之书》影响最大，被列为美国中学教科书。1913年9月2日，冈仓天心在日本新潟县赤仓去世，享年50岁。

冈仓天心是日本近代文明启蒙期最重要的人物之一。同是对日本近代文明有过重要贡献的福泽谕吉认为，日本应该“脱亚入欧”，而冈仓则提倡“现在正是东方的精神观念深入西方的时候”，并强调亚洲价值观对世界进步做出了贡献。冈仓天心提出，“为了恢复和复兴亚洲价值观，亚洲人必须合力而行”。他认为，有必要克服西方近代解放欲望的弊病，代之以佛教的东方宗教价值观，并拼命地为构筑这种价值体系而奔走呼号。太平洋战争时期，日本强调亚洲应该为从欧洲殖民地中解放出来进行斗争，因此发动了对亚洲各国的侵略战争，但是正像希特勒曾经受到尼采思想的鼓舞而推行法西斯主义一样，我们不能把日本军国主义行为与冈仓天心的主张直接联系在一起。

冈仓天心认为，“亚洲是一体的。虽然喜马拉雅山脉把两个伟大的文明，即具有孔子大同社会政治理想的中国文明与以吠檀多个人主义为代表的印度文明相隔开，但那道雪山的屏障却一刻也没有隔断亚洲民族那种追求‘终极普遍性’的爱的传播。正是这种爱，是所有亚洲民族共通的思想遗产，使他们创造出了世界所有重要的宗教”。冈仓天心将亚洲的文明抽象地概括为“爱与和平”。他认为，近代西方文明与东方的这种传统相比，尽管物质强盛，却将人变成了“机械的、习性的奴隶”，西方的自由只存在于物质上的竞争，而不是真正的人性的自由。

冈仓天心坚信，东西方能够相互取长补短，创造更加美好的世界。同时，他向西方呼吁：现在已经到了摒弃固有观念和傲视亚洲的偏见，真正理解东方的时候了。他超越了一般亚洲人所容易陷入的那种一味抱怨西方的被动态度，以积极主动的姿态向西方提出应由以往的“施与者”转变成“接受者”，东方也要自豪地向西方发出“古老”而“崭新”的声音。这就是热爱艺术、热爱和平的冈仓天心所追求的“美的共有”“艺术的共鸣”的最终理想。

1906年，冈仓天心以英文写出了《茶之书》，向西方介绍东方的茶道文化。一百多年来，《茶之书》不断再版重印，在世界范围内流传，除了各种英文版，还有德文、法文、瑞典文等版本，而由英文译回的日文版，更是有多种译本，其经典地位可见一斑。

然而，茶叶不是中国人的文化遗产吗？为什么要看一个日本人用英文写的，而且还是一百年前出的茶书？答案很复杂，但也很简单：因为中文世界里，没有出现这样的一本书。《茶之书》能以简洁如诗的语言，深入浅出，宏观远照，除了勾勒茶史梗概，溯源茶道的核心精神，阐述个中的美学意境之外，还能对比欧亚，论衡东西，具有鲜明的文化艺术观点。

《茶之书》除了作为茶道的入门手册，更是亚洲文化的答辩书。冈仓天心以优美的文笔和意境，巧譬善喻，引人入胜地介绍了茶道的建筑、茶的流派、道与禅对茶道的影响、艺术鉴赏、花艺以及茶道大师的风范，具体演绎了东方的精神文明。

第一章 人性的茶杯

从本质上而言，茶道是一种对『不完美』的崇拜，是在我们明知不完美的人生当中，对完美所进行的一种温柔的尝试。

宋代·建窑曜变茶盏
（现藏于日本东京静嘉堂）

茶，始出于药方，而后渐渐演变为饮品。早在公元 8 世纪的中国，茶便作为上流社会的风情雅事，步入了诗句的殿堂。而日本，则是在 15 世纪将其尊崇为一种唯美主义的信仰——茶道。茶道，盖于平凡的日常生活之中，因对美的向往而逐渐形成的一种狂热的心灵崇拜。

在纯粹与洁净中有着和谐与融洽，在主人与宾客礼尚往来的微妙交流中，以及在遵循社会规范的行止进退中油然而生的浪漫主义情怀，这些都是茶道无言的教诲。从本质上而言，茶道是一种对“不完美”的崇拜，是在我们明知不完美的人生当中，对完美所进行的一种温柔的尝试。

茶之哲学，并非像我们通常理解的那种仅仅是一种唯美主义的趣味，它同时融合了伦理与宗教，表达了我们对于人类与自然的全部见解。茶是卫生学，因为它强调洁净；茶是经济学，因为它所彰显的是简朴中的舒适，而非繁复昂贵的乐趣；茶是道德几何学，因为它定义了我们对于宇宙自然的分寸感。茶使得它的所有追随者成为味觉上的贵族，故而代表了东方世界民主精神的真谛。

宋代·建窑兔毫茶盏（现藏于北京故宫博物院）

长期的与世隔绝使得日本民族更善于自我反省。这也为茶道的形成与发展创造了极为有利的条件。日本人的起居习惯、服饰与烹饪、瓷器、漆器、绘画艺术，乃至于日本的文学，无一不深受茶道的影响，任何研习日本文化之人都不会忽略它的存在。它不仅遍及深闺雅室，而且飞入了寻常百姓家。从此，村野农夫学会了莳花弄草，连最为粗鄙的山野之人也会表达对山岩流水的敬意。

倘若有人对这种亦庄亦谐的人生雅趣无动于衷，我们会称之为“心中无茶”；反之，倘若有人对人世间的疾苦熟视无睹，整天沉湎于信马由缰的放浪情怀，我们则称这类我行我素的唯美主义者“茶气太过”。

局外的人可能会认为我们真是在小题大做。他会质疑，一个小小的茶杯怎会有如此妙境！[2]可是，一杯茶，能够让人感受到人生几何，快乐无多；一杯茶，可以让人在一瞬间热泪盈眶；一杯茶，可以让人湮灭对永恒的渴求。想到这一切，我们便不会责备自己沉湎其中。相比之下，人类此前的所作所为，简直有过之而无不及。对酒神巴克斯（Bacchus）的崇拜，让我们不假思索就做出巨大的牺牲；对战神马尔斯（Mars）的景仰，让我们忘却了他身上的斑斑血迹。如今，我们又何妨伏身于茶花仙女的裙裾之下，陶醉于她甘露瓶中那涓涓而出的仁爱暖流呢？从牙白色瓷杯那琥珀色的琼浆里，茶道的门徒们或可品读孔子的温雅含蓄，老庄的辛辣快意，还有佛陀的缥缈芳香。

宋代文人雅士的茶会场景

一个人，倘若无法觉察自身伟大中的渺小，那他就容易忽略别人渺小中的伟大。一般的西方人总是扬扬得意，觉得东方人有许多离奇古怪而又幼稚的怪癖。在他们的心目中，这繁文缛节的茶道不过是东方人一千零一种怪行的又一桩例证而已。当日本人尽情沉浸于温文尔雅的艺术之中，他们便习惯于将其称之为蛮夷之邦；而当日本开始在中国东北战场上大肆杀戮[3]之际，他们却将其称之为文明之国。近年来，西方盛行有关“武士道”的评论——我们的战士对天皇效忠自尽的“死的艺术”，却鲜有什么评论关乎于茶道，关乎于这种“生的艺术”。倘若我们所称的文明是基于可恶的战争的荣耀，那么，我们宁愿继续做我们的“野蛮人”。我们宁愿继续等待下去，一直等到我们的艺术与理想得到应有尊重的那一天。

西方究竟何时才能理解，或者愿意理解我们东方？西方人总是用某些事例，加上各种幻想，在亚洲人身上织起一张张怪异之网，令我们亚洲人触目惊心，不寒而栗。在西方人的眼里，我们要么是以老鼠和蟑螂为食，要么就是吸食莲花香气过活；要么就是无能而狂热，要么就是卑鄙而淫逸。印度人修炼灵性被他们讥讽为无知，中国人的中庸之道被他们视为愚蠢，而日本人的爱国精神则被他们当作是甘受命运的摆布。他们甚至还说，亚洲人对伤痛反应之所以迟钝是因为我们的神经组织麻木不仁！

唐代·鎏金鸿雁纹云纹茶碾（铭文：咸通十年文思院造银金花茶碾子）

是啊，你们西方人为何不拿我们来取乐呢？不过，我们亚洲人不仅会知“恩”必报，也会以牙还牙。你们要想知道我们如何想象和描述你们，那娱乐的素材可就更多了。这些素材来源于因视角不同而产生的困惑，也含有对奇迹不经意中流露出的敬意，还包含对新生事物和未知世界暗含的敌意。凡此种种，不一而足。你们的品德是如此高尚，无法成为我们妒忌的对象；你们的罪孽又太过离谱，想要治罪却又难以名状。过去，我们博学的智者曾经写道，你们的楚楚衣冠之下，藏着一条毛茸茸的尾巴，你们经常将新生的婴儿炖而食之！不仅如此，有关你们的恶行，我们还握有更多的把柄：我们一直认为，你们是世界上最为言行不一的人，因为你们到处宣讲教义，可是你们从来没有身体力行。

如今，我们东方人的这种误解正在迅速消失。频繁的商贸往来促使欧洲各国的语言在许多东方港口广泛传播。亚洲青年学子纷纷拥入西方的大学校园，因为那里有现代教育设施。虽然我们并未彻底领悟你们西方文化中的深层内涵，可我们至少有学习的意愿。我们的一些同胞，对于你们的风俗礼仪不假思索便全盘接受，误以为穿上硬领衫，戴上高礼帽便拥有了你们西方的文明。如此东施效颦，固然可怜可叹而又可悲，可这种卑躬屈膝也从另一个侧面表明我们向西方靠拢的愿望。

不幸的是，西方的态度依然如故，你们不愿意理解东方。西方传教士来到东方，只是向东方传播西方的文化，而并非接纳东方的文明。你们对东方的了解，如果不是那些来去匆匆的旅行家们浮光掠影式的趣闻逸事，无非就是来自对我们浩如烟海的文献的一些拙劣的翻译。而像拉夫卡迪奥·赫恩（Lafcadio Hearn）[4]，或者像《印度人眼中的生活奥秘》（*The Web of Indian Life*）[5]的作者那样，运用正义之笔唤醒我们，用情感之火炬照亮黑暗东方的人，实在是凤毛麟角，少之又少。

宋代·瓷茶碾

常言道，言多必失。我的直言不讳也许会暴露出自身茶道修性的浅薄；可畅所欲言，言无不尽，正是茶道中所倡导的“礼”的精神。然而，我不想做一名温文尔雅的茶道士。新旧两个世界的诸多误解已经给我们造成了巨大的伤害，如今挺身而出，为促进东西方理解而尽一点绵薄之力又有何失礼之处。倘若俄罗斯在20世纪之初愿意屈尊去更多地了解日本，那么，那场血腥的日俄战争也许就不会发生。对东方问题的不屑一顾，给人类带来了多么惨痛的教训！欧洲帝国主义列强从不耻于将“黄祸”[6]的污名强加给亚洲人民，他们并没有意识到亚洲也可能会从“白灾”残酷的折磨中慢慢地苏醒。也许，你们会嘲笑我们“茶气太过”，难道我们就不可以质疑你们西方人“心中无茶”吗？

唐代·琉璃制茶盏与茶托

我们两个大陆还是不要再相互谩骂，彼此挖苦了吧。东方和西方居于地球的两端，即使不能通过互利互惠变得更加聪明，那也不要增添更多的悲伤。虽然我们走上了不同的发展道路，但寸有所长，尺有所短，我们没理由不取长补短。你们扩张了领土，攫取了地盘，可你们的内心并没有得到安宁；我们营造了和谐，尽管这种和谐在侵略者面前显得有点脆弱不堪。不论你们相信与否，就某些方面而言，东方比西方更胜一筹！

颇为奇怪的是，人性的光辉在这小小的茶杯里交融了。茶道成为唯一赢得普遍尊重的亚洲仪式。西方的白人对我们的宗教和道德伦理往往嗤之以鼻，却对这琥珀色的琼浆玉液趋之若鹜。如今，下午茶已经成了西方社会一项重要的社交聚会活动。从杯盘茶碟的轻脆碰撞声中，从女主人殷切温柔的敬茶声中，以及从是否需要加奶和加糖的寻常问答中，那份对茶的礼拜便毋庸置疑地建立了起来。在这莫名其妙的茶汤中，宾客在哲学意义上对其未来命运的顺从表明，此时此刻，东方的精神才是至高无上的。

欧洲关于茶的最早的记载，据说是来自一个阿拉伯旅行家的札记。据史料记载，公元 879 年以后，盐税和茶税已是广东经济收入的主要来源。而马可 · 波罗在游记中也写道，公元 1285 年，中国元朝曾有一名掌管财政的户部尚书就因为擅自增加茶赋而被罢了官。一直到了地理大发现时期，欧洲人才开始对远东地区有了更多的认识。在16世纪末，荷兰人带回这样的消息：在东方，人们用一种灌木的树叶制成了非常好喝的饮料。

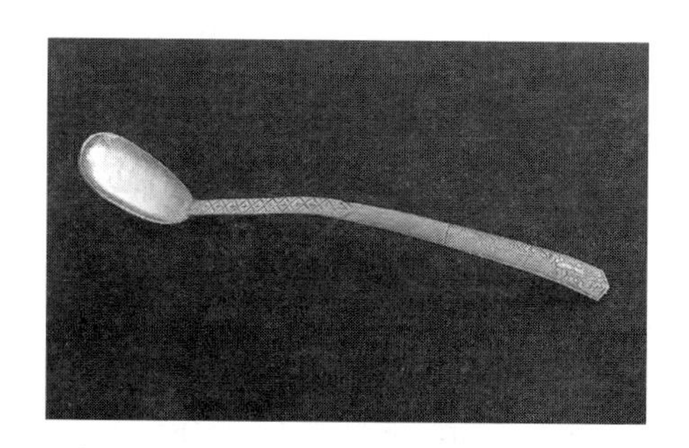

唐代·鎏金飞鸿纹银则（烹茶或点茶用量具）

唐代·金银丝结条笼子（焙炙器）
（陕西法门寺出土，用于宫廷炙烤茶饼）

还有一些旅行家，例如乔凡尼·巴蒂斯塔·赖麦锡(Giovanni Batista Ramusio)[7]在公元1559年，路易斯·阿尔梅达（L. Almeida)[8]在公元1576年，马斐诺在公元1588年，塔雷拉（Tareira）在公元1610年也都在各自的旅行笔记中提到了茶叶。公元1610年[9]，荷兰东印度公司的商船首度将茶叶带到了欧洲。于是，法国人在公元1636年闻到了茶香，俄国人也于公元1638年品尝到了茶的滋味。英国人是在公元1650年迎接茶的到来的，他们对此是这样评论的："这种中国饮料美妙绝伦，医生们对此也极为推崇。它的名字在中国叫作茶（Tcha)，其他国家叫它Tay，也就是Tea。"

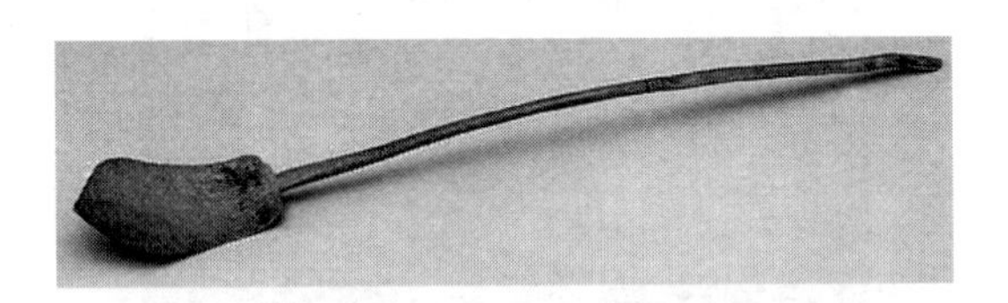

宋代·铜制勺状茶匙——作为点茶器，击拂茶花，进行搅拌

正如世界上所有美好的事物一样，茶在其传播过程中也曾经遭遇过一些挫折。公元1678年，亨利·萨威尔

（Henry Saville）就曾斥责饮茶是一种肮脏的习俗。乔纳斯·汉威（Jonas Hanway）[10]在公元 1756 年那篇《论茶》（*Essay on Tea*）的文章中指出，长期养成饮茶习惯，男人会丧失伟岸的身材和堂堂的仪表，女人则会花容尽失。在饮茶兴起之初，茶叶的价格居高不下（一磅茶叶售价约为 15 或 16 先令），让平民百姓根本消费不起，因而成了“上流社会特殊待遇和消遣的标志，成为那些王公大臣的社交赠礼”。尽管如此，饮茶风尚还是以惊人的速度迅速传播开来。在 18 世纪前半叶，伦敦的咖啡馆实际上已经变成了茶馆，像约瑟夫·艾迪生（Joseph Addison）[11]和理查德·斯蒂尔（Richard Steele）[12]这样的风雅之士也沉醉于这些咖啡馆的茶香之中。不久之后，茶便发展成他们生活中的必需品，成了税赋的对象。这让我们联想到，茶税在世界近代史上扮演了多么重要的角色。当英国人向美国殖民地征收更高的茶税时，殖民地的人民终于按捺不住心中的怒火，他们决定揭竿而起，奋力反抗。要知道，美国独立战争正是起源于“波士顿倾茶事件”。

美国波士顿倾茶事件（公元 1773 年 12 月 16 日）

茶的滋味就像是有一种魔力，让人难以形容，却又无法抗拒，更让人产生无限的向往。西方的幽默作家[13]很快便将茶的芬芳，融入他们思维的灵光之中。茶既无葡萄酒的嚣张奔放，又无咖啡的忸怩作态，更没有可可那种虚假的天真。早在公元 1711 年，英国《旁观者》周刊就曾这样写道："在此，我向那些作息时间严谨的家庭郑重推荐：每天早晨，请留出一个小时，享用一顿有热茶与面包黄油的丰盛早餐，并真诚地建议您订阅本刊，以便准点为您送达，作为您饮茶时不可或缺的良伴[14]。"塞缪尔·约翰逊(Samuel Johnson)[15]也将自己描绘成"一个顽固不化、伤风败俗的茶客。20 年来，我只靠这种奇妙的植物饮料佐餐而食；用茶来消磨黄昏，用茶来送走漫漫长夜，用茶来迎接黎明的曙光。”

查尔斯·兰姆（Charles Lamb）[16]曾经写道：“就我所知，不欲人知之善，却在不经意中为人所知，乃是人生最大的喜悦。”这句话已深得茶道真谛，他不愧为茶之信徒。隐而未显的美感，非经发觉无以得现；有所保留的表现，却能透露出一切。茶道，正是这样的一种艺术。它是一种高贵的手法，让你能够平静而深刻地对自己幽默一下。这恰恰是幽默的本质，富含哲思的笑意。从这一意义上来说，所有名副其实的幽默家（尤其是幽默作家）皆可称为茶道中的达观贤者，比如威廉·萨克雷（William Thackeray）[17]，当然也包括威廉·莎士比亚（William Shakespeare）。那些反对物质享乐主义的颓废派[18]诗人（试问，这个世界有几时不曾颓废?），某种程度上也为茶道打开了一扇方便之门。现如今，也许正是我们认真地反思了各自的“不完美”，才让我们东西方能够在相互慰藉中交流互鉴。

道家说，自太初之始，灵与物便展开了一场你死我活的殊死搏斗。最终，天庭之日神黄帝战胜了黑暗与大地之魔祝融。身形庞大的祝融受不了临死前的痛楚，便一头撞向天顶，将碧玉制成的蓝色苍穹撞成了碎片。群星因此流离失所，月亮只能漫无目的地在暗夜荒凉的罅隙之间漫游，不知所终。束手无策的黄帝四处寻觅补天之人。最后，皇天不负苦心人——一位女神从东海翩然升起，只见她头戴角冠，尾似蛟龙，身披焰甲，光芒万丈——她便是女娲。女娲从神炉中炼出了五彩霓虹，重新撑起了中国的苍穹。据说，在这蔚蓝色的苍穹中，女娲无意之中漏掉了两个小小的裂缝，这便产生了爱的阴阳和合——两个灵魂在天际间流转，永不停歇，直到它们彼此结合，构建出一个完整的宇宙。我想，每个人都应该打破陈腐的自我，重新打造出一片充满希望与和平的天空[19]。

时至今日，人们对财富与权力的你争我夺，犹如古希腊神话中的独眼巨人一般残忍，人性的天空其实已经土崩瓦解。一切都是那么自私自利与俗不可耐，世界只能在这样的阴影中摸索前行。获取知识需要昧着良心，行善的条

宋代·吉州窑玳瑁茶盏

件是要有利可图。东方和西方，如同两条巨龙在波涛汹涌的大海上翻腾，拼命地想要重获生命的珍宝，却又徒劳无功。如今，我们需要再有一位女娲，去修补这金玉其外的荒芜世界。我们等待着天神的下凡。但与此同时，还是让我们先喝上一口香茶吧！午后的阳光映照着竹林，山中的泉水在汩汩流淌，壶中传来了松涛般的飒飒声。让我们对短暂的人生充满向往，如痴如醉地沉浸于世间万物的美好之中。

注释：

[1] 千利休到了晚年，已经是公认的伟大茶师。当时，掌握大权的将军丰臣秀吉特地来向他求教饮茶的艺术。没想到，他竟说饮茶没有特别神秘之处。他说："把炭放进炉子里，等水开到适当程度，加上茶叶使其产生适当的味道。按照花的生长情形，把花插在瓶子里。在夏天的时候使人想到凉爽，在冬天的时候使人想到温暖，没有别的秘密。"这便是这首诗的形成背景。

[2] a tempest in a tea-cup，意同"a storm in a teacup"。该英语中的谚语的意思是"小题大做""大惊小怪"，这里是一语双关用法。

[3] 1904 年，日本与俄国为了争夺朝鲜半岛和中国辽东半岛的控制权而爆发了日俄战争，最后俄国战败，被迫退出南满。

[4] 拉夫卡迪奥·赫恩（Lafcadio Hearn，1850～1904），又名小泉八云（Koizumi Yakumo），生于希腊，长于英、法，19 岁时到美国打工，干过酒店服务生、邮递员、烟囱清扫工等，后来成为记者。1890 年，前往日本，此后曾先后在东京帝国大学和早稻田大学开讲英国文学讲座，与日本女子小泉节子结婚，1896 年加入日本国籍。小泉八云在日本生活了 14 年，是著名的作家兼学者，写过不少向西方介绍日本和日本文化的书，主要著作有《陌生日本的一瞥》《心》《怪谈》等，为日本现代怪谈文学的鼻祖。

[5] *The Web of Indian Life*，作者尼维蒂塔（Nivedita，1867～1911），本名为玛格丽特·伊丽莎白·诺贝尔（Margaret Elizabeth Noble）。她出生于爱尔兰，1895 年遇到访问英国的印度著名哲学家、宗教改革家维韦卡南达，从此醉心于印度的社会、文化与哲学宗教，并于 1898 年来到加尔各答，成为维韦卡

南达的弟子，并改名尼维蒂塔。她生命中最后的十几年基本在印度度过，除了致力于研究印度文化之外，她还积极从事印度的独立运动。

[6] 黄祸（the Yellow Peril）是欧美国家出于对亚洲民族崛起与渗透产生的恐惧与不安，是对亚洲的歧视性谬论。著名案例有威廉二世赠予俄国沙皇尼古拉二世的《世界各民族，保护你们最珍贵的财产》（亦称《黄祸图》），以及马修·菲普斯·希尔（Matthew Phipps Shiel）1898年发表的短篇小说集《黄祸》。

[7] 乔凡尼·巴蒂斯塔·赖麦锡（Giovanni Batista Ramusio，1485～1557），意大利威尼斯学者，著有著名地理日志《航海记》。在他去世后两年即1559年出版的《航海记》第二卷中，首次提到了茶叶。

[8] 路易斯·阿尔梅达（Luis de Almeida，1525～1583），葡萄牙医生、传教士，曾在中国与日本传教。

[9] 根据作者原注，以上关于茶的史料出自保罗·克兰赛尔（Paul Kransel）1902年在柏林发表的学位论文。

[10] 乔纳斯·汉威（Jonas Hanway，1712～1786），英国旅行家、慈善家和作家，他也是将雨伞引入英国之人。

[11] 约瑟夫·艾迪生（Joseph Addison，1672～1719），英国散文家、诗人、剧作家以及政治家。在好友理查德·斯蒂尔创办文艺刊物《闲谈者》（*The Tatler*）时，他便为该刊物的重要投稿人，后又与理查德·斯蒂尔共同创办《旁观者》杂志（*The Spectator*）。

[12] 理查德·斯蒂尔（Richard Steele，1672～1729），英国散文家和

剧作家。

[13] “幽默”一词为林语堂音译，其英文概念与目前广为接受的词义有所偏差，英文词义偏“睿智、丰富、机敏”，中文词义偏“诙谐、滑稽、有趣”，在口语中尤其明显。英文中所指的幽默作家，不同于喜剧作家，他们通过影射、讽喻、一语双关等修辞手法，在善意的微笑中揭露生活中的讹谬和不通情理之处。幽默作家的作品往往不是令人捧腹之作，却更加微妙、更为理性，常能引起人们会心一笑，触发心底的幽默情怀。

[14] 这段文字摘自公元1711年3月12日的《旁观者》杂志，作者为约瑟夫·艾迪生。

[15] 塞缪尔·约翰逊（Samuel Johnson，1709～1784），英国著名作家、评论家、辞书编纂家，是18世纪下半叶英国文学界最重要的人物之一，他曾花费九年独立编纂出版了《约翰逊字典》，被授予柏林三一学院与牛津大学名誉博士学位。

[16] 查尔斯·兰姆（Charles Lamb，1775～1834），英国著名散文家，著有《伊利亚随笔》等著作。

[17] 威廉·梅克皮斯·萨克雷（William Makepeace Thackeray，1811～1863），英国著名作家，因其代表作《名利场》而与狄更斯齐名。《名利场》以辛辣讽刺的艺术手法，真实地描绘了19世纪英国上流社会没落贵族和资产阶级暴发户的生存现状与伦理问题。

[18] 这里应指欧洲19世纪下半叶流行的颓废主义文艺思潮。颓废主义是欧洲的资产阶级知识分子对社会表示不满，而又无力反抗所产生的内心苦闷与彷徨情绪在文艺领域中的反映。它最早表

现在法国诗人波德莱尔和马拉梅的创作中，因而后人往往视象征主义与颓废主义为一体。

[19] 在本段中，作者对中国传说做了相当大程度的发挥与改编。女娲补天的前传应为祝融与共工之战，而非黄帝。女娲也并非来自东海，并且乃人首蛇身，而非角冠龙尾，身披焰甲；补天材料应为五彩石而非五彩霓虹，五彩霓虹为补天之后彩石发出的辉光。而补天有裂缝之说及爱的阴阳之故事，盖以《红楼梦》第一回为原型，由作者所自创。参见《史记·补三皇本纪》：“女娲氏亦风姓，蛇身人首，有神圣之德……当其末年，有共工氏，任智刑以强，霸而不王。以水乘木，乃与祝融氏战，不胜而怒，乃头触不周山崩。天柱折，地维缺。天倾西北，故日月星辰移焉；地不满东南，故水潦尘埃归焉……女娲乃炼五色石以补天，断鳌足以立四极，聚芦灰以止滔水……于是地平天成，不改旧物。”

第二章　茶的流派与沿革

茶道理想反映了东方文化传统的不同情调。煎煮饮用的茶饼、击拂饮用的茶末，以及沏泡饮用的茶叶，鲜明地代表了中国唐、宋以及明三个朝代人文情感的脉动。在此，且让我们借用已经被过分滥用的艺术分类术语，将这几种烹茶方式分别标上古典主义、浪漫主义与自然主义流派之名。

南宋·刘松年《撵茶图》
（现藏于台北故宫博物院）

如同艺术品一样，茶也需要一双大师的巧手，才能烹制出最高贵的品质。画有高下之分，茶也有优劣之别，而我们所饮之茶常为下品。要想烹制出一碗绝顶的好茶，其手法并非固定不变，其道理就像是要培养出一个提香[1]或一个雪村[2]那样的绘画大师，并没有什么规律可循。茶叶的每一种烹制方法都有其独到之处，需要特定的水质与温度，有着自己的叙事方式。而真正的美，无须表白，一切尽在其中——这是艺术与生活普遍遵循的基本法则。虽然简单，但社会大众却常常无法认清，我们因此而付出了多少代价！宋代诗人李竹懒[3]曾经哀叹说，这世界上有三件事让人最为可叹：施教不当误人子弟；庸俗崇拜败坏艺术；粗制滥泡糟践佳茗。

与艺术一样，我们也可以把茶划分为不同时期和不同流派。饮茶的演变过程可以大致分为三个主要阶段：煎茶、点茶以及泡茶。我们现代人所饮用的茶，一般属于最后这一种。这三种不同的赏茶方式，体现了它们各自盛行时期的时代精神——因为生命本身便是一种表达方式，我们不经意的举动，总在其细微之处流露出我们内心深处的所思所想。孔子曰："人焉廋哉。"[4]也许，正是因为我们需要深藏不露的"伟大"太少，所以才会在细枝末节上暴露出太多真实的自我。哲学或诗歌固然是民族理想的最佳表达，但日常生活中微不足道的小事，同样也能体现这些理想。正如对葡萄酒的不同偏好体现出欧洲不同时期或不同民族的特质一样，茶道理想也反映了东方文化传统的不同情调。煎煮饮用的茶饼、击拂饮用的茶末，以及沏泡饮用的茶叶，鲜明地代表了中国唐、宋以及明三个朝代人文情感的脉动。在此借用已经被滥用的艺术分类术语，这几种烹茶方式分别对应着古典主义、浪漫主义与自然主义流派。

宋代·饮茶图（现藏于美国弗利尔美术馆）

原产于中国南方的茶树，很早之前就为中国植物学界和医学界所熟知。在各类古籍中，茶曾以多种名称出现，如“荼”“蔎”“荈”“槚”“茗”[5]，因其可解乏，可明目，可愉悦身心，也可增强意志，故世人对其评价甚高。茶不仅可以用于内服，也可以制成膏状外敷于患处，用来缓解风湿疼痛。道士们宣称，茶是炼制不老仙丹的重要原料；而僧侣们常年累月饮茶，以免因长时间的打坐冥想而疲惫。

从公元四五世纪开始，茶便逐渐成为长江流域居民的最喜爱的饮品。大概也就在这一时期，我们沿用至今的现代象形文字“茶”首次出现。很显然，它是“荼”字的讹用。南朝诗人曾经写下了很多反映爱茶之情的诗篇，我们现在还能读到一些遗留下来的断章残句，例如“流玉杨沫”。当时的皇帝还常常将珍贵的茶叶赏赐给位高权重的大臣们，作为对其功劳的褒奖。不过，在那个年代，人们饮茶的方法还相当原始与粗陋。叶子蒸青[6]过后，用石臼捣碾，制成茶饼，再和米、姜、盐、陈皮、香料、牛奶等配料一同煎煮，有时候甚至还会放入大葱。时至今日，中国的藏族人及不少蒙古部落都还保留着这种饮茶方法。他们用这些配料制出味道奇特的浓稠茶汤。而俄罗斯人在饮茶时加入柠檬片的做法，则是他们的商队在中国人开设的客栈里学到的，这也可以被看成是古代饮茶方法的延续。

一直到了唐朝，在有识之士的努力之下，茶才从其粗鄙的原始状态中被解脱出来，逐渐走向最终的理想境界。公元8世纪中叶，一个叫陆羽[7]的人出现了。于是，我们便有了第一位茶的传道者。此时，恰逢儒释道三教谋求共生，追求统一的特殊时代，泛神论符号的象征意义促使人们寻找世界万物个性中的共有神性。陆羽凭借其独到的诗人眼光，在茶道中发现了驾驭世间万物的和谐与秩序。在《茶经》（意即茶之《圣经》）一书中，他为我们系统地阐述了“茶道规范”。从那时起，他一直被中国的茶商们尊奉为守护神。

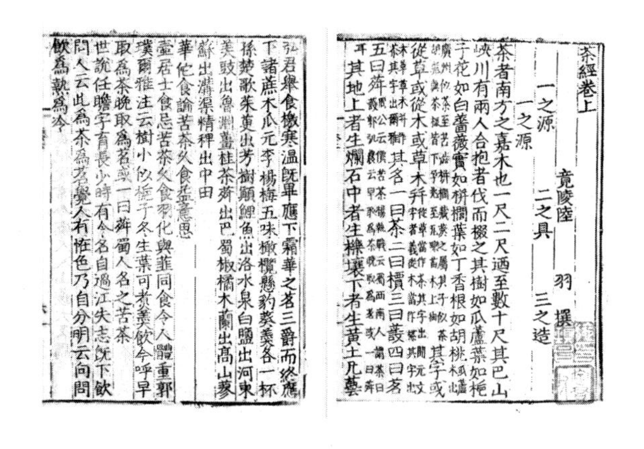

茶經卷上

竟陵陸　羽　撰

一之源　二之具　三之造

一之源

茶者南方之嘉木也一尺二尺迺至數十尺其巴山峽川有兩人合抱者伐而掇之其樹如瓜蘆葉如梔子花如白薔薇實如栟櫚葉如丁香根如胡桃（瓜蘆木出廣州似茶至苦澀栟櫚蒲葵之屬其子似茶胡桃與茶根皆下孕兆至瓦礫苗木上抽）其字或從草或從木或草木并（從草當作茶其字出開元文字音義從木當作檡其字出本草草木并作荼其字出爾雅）其名一曰茶二曰檟三曰蔎四曰茗五曰荈（周公云檟苦荼楊執戟云蜀西南人謂茶曰蔎郭弘農云早取爲茶晚取爲茗或一曰荈耳）其地上者生爛石中者生櫟壤下者生黃土凡藝

弘君舉食檄寒溫既畢應下霜華之茗三爵而終應下諸蔗木瓜元李楊梅五味橄欖懸豹葵羹各一杯

孫楚歌茱萸出芳樹顛鯉魚出洛水泉白鹽出河東美豉出魯淵薑桂茶荈出巴蜀椒橘木蘭出高山蓼蘇出溝渠精稗出中田

華佗食論苦茶久食益意思

壺居士食忌苦茶久食羽化與韭同食令人體重

郭璞爾雅注云樹小似梔子冬生葉可煮羹飲今呼早取爲茶晚取爲茗或一曰荈蜀人名之苦茶

世說任瞻字育長少時有令名自過江失志既下飲問人云此爲茶爲茗覺人有怪色乃自分明云向問飲爲熱爲冷

唐代·陆羽《茶经》（宋刻本）

《茶经》全书共有上、中、下三卷，共计十章。在第一章中，陆羽介绍了茶树的特性；第二章说明了采茶的工具，第三章阐述的是如何选择茶叶。按照他的描述，最好的叶子必须“像胡人马靴般褶皱；像公牛胸间的垂肉般卷曲；像浮云出山一般舒展；似轻风拂水一般微光泛起，又如雨后新泥一般湿软”[8]。

《茶经》第四章列举并描述了二十四款烹制茶汤的器具。首先描述的是有三足鼎状的“风炉”，最后描述的是可以容纳所有茶具器物的竹制“都篮”。从这一章的文字描述中，我们可以看到陆羽对道教符号的偏好。此外，观察茶对中国陶瓷的影响，也是一件饶有兴味的事情。众所皆知，中国瓷器追根究源，就是为了对玉石精妙温润的光泽进行描摹再现。于是，到了唐朝，在南方便成功地研制出一种釉色莹润的青瓷；而在北方，人们则偏好白瓷。陆羽认为，青色是茶盏最理想的颜色，因为它为茶色增添了几分绿意。与之相反，白瓷却会让茶汤呈现粉红色，令人大倒胃口。其实，这是由于当时陆羽所用的茶汤乃茶饼煎煮而成。后来，当宋朝的茶师将茶研磨成茶末，他们便喜欢蓝黑色或深褐色的厚胎茶碗。而到了流行泡茶的明朝，人们饮茶又喜欢用胎体轻薄的白瓷杯。

宋代·汝窑青瓷盏托（现藏于大英博物馆）

宋代·龙泉窑青釉暗刻花汤瓶（用于点茶注汤）

在《茶经》的第五章中，陆羽描述了煮茶的方法。与前人不同的是，除了盐之外，其他配料他都主张舍去不要。而对于争议颇多的用水和烹煮温度的问题，这一章中也进行了特别的阐述。据他描述，烹茶的水可分为三等，山泉为上品，河水次之，而井水则属下品[9]。煮水的过程也可分为三个阶段：当水面上冒出鱼目般大小的微小气泡时，此为一沸；当气泡犹如水晶珠子般滚动泉涌时，此为二沸；当壶中之水波涛汹涌，翻腾不已，则谓之三沸。茶饼先要放在火边烘烤，直到它变得如同婴儿臂膀般柔软，然后置于细纸之间，将它揉碎成粉末状。在水烧至一沸时加盐，茶则于二沸时投入其中。到了三沸，则倒入一满勺冷水，让茶叶下沉，并唤醒“水的活力”。随后，将茶倒入杯中，举杯品茗。哦，真乃琼浆玉液，天赐之甘露也！那轻薄的嫩叶，如同一片片悬在晴空中的鳞状浮云，又如浮于青青溪流上的出水芙蓉。难怪唐代诗人卢仝[10]为此写出了如下诗句：

一碗喉吻润，

二碗破孤闷。

三碗搜枯肠，惟有文字五千卷。

四碗发轻汗，平生不平事，尽向毛孔散。

五碗肌骨清，

六碗通仙灵。

七碗吃不得也，惟觉两腋习习清风生。

蓬莱山，在何处？

玉川子，乘此清风欲归去。

宋代·官窑葵瓣口茶碗

《茶经》其余章节，叙述了一般饮茶方法的流弊，罗列了历史上一些茶客的记述，介绍了中国名茶的产地，说明了制茶饮茶工艺上可能出现的变化情况，并绘制了各种制茶、饮茶器具的图例。令人遗憾的是，最后一章的图例部分如今已经散佚，不知所终。

《茶经》的问世，在当时必定引起了热烈的反响。陆羽成了唐代宗（762～779）的座上宾，他显赫的名声也吸引了众多追随者。据说，一些雅士高人仅凭茶汤的味道就能分辨出该茶出自陆羽本人，还是出于其弟子之手。曾有一位大臣，因为未能品出这位茶圣亲手烹制之茶的妙处，被史官狠狠记了一笔，而使自己“名垂千史”[11]。

到了宋朝，“点茶”开始盛行起来，并由此开创了中国茶史上第二个流派。所谓点茶，先是将茶叶在小石臼中研磨成细末，然后将这些茶末用热水冲沏，再用细竹丝编制的竹筅搅拌拂击。茶有了新的饮用方式，陆羽描述的那些制茶用具也有了一些变化。不仅如此，茶叶的选择上也有所不同。从此，盐退出了茶道的历史舞台。宋人对茶的热情没有止境。茶客们竞相创制出新的品种，并定期举办斗茶比赛，来一决高下。宋徽宗赵佶（1101～1124）虽无治国之道，却有极深的艺术造诣。他曾经为了购买珍稀的茶叶品种不惜一掷千金，还亲自撰写了一篇专论《大观茶论》[12]，探讨了二十种茶叶，并认为“白茶”最为稀有，品质也最佳。

宋代·壁画中的制茶场景

南宋·无名氏《斗茶图》

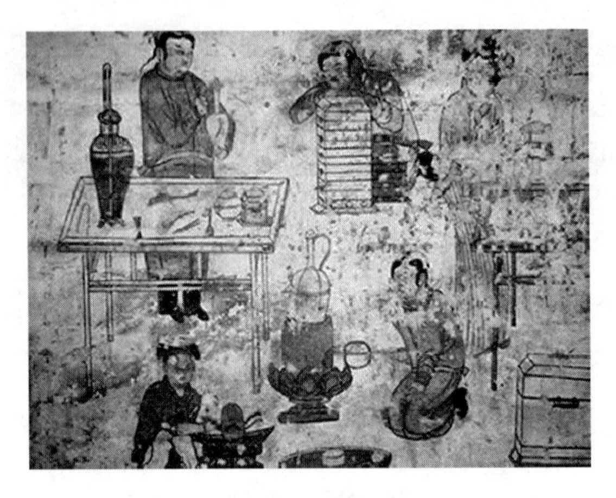

宋辽壁画《点茶图》

宋朝人的茶道理念与唐朝人不同。不仅如此，两个朝代的人在生活观念上也是大相径庭。唐朝人视为象征性的东西，宋朝人却寻求将其变为现实。对于新儒家[13]而言，天理不是由万象世界反映出来的，万象世界本身就是天理。所谓永恒，不过在霎那之间；而涅槃，尽在我们掌握之中。唯一不变的法则就是万事万物处于永恒的变化之中，这样的道家思想在人们的思维方式中占据着统治地位。真正让人感兴趣的是其过程，而并非其行动本身；真正重要的是事物“完成”的过程，而不在于“完成”的结果。这样一来，人与自然就可以直接面对，不再有任何隔阂。我们的生活艺术便被赋予了新的意义。茶，不再只是诗情画意般的消遣，而是成了一种自我实现的途径。王禹偁[14]写下了赞颂茶的诗句："沃心同直谏，苦口类嘉言。"苏东坡说茶有如刚正不阿的正人君子，具有"纯洁无瑕之资，荡涤腐败之力"。在佛教中，禅宗南派因吸收了诸多道教仪轨，故而建立了一套精致而繁复的茶会仪式。在举行茶会时，僧侣们齐集在达摩祖师的画像面前，神情庄严肃穆，他们遵循着隆重的仪式规程，轮流饮下同一只茶碗中的茶水。正是这种禅宗仪式，最终于 15 世纪时演变发展为日本的茶道。

不幸的是，蒙古部落于公元 13 世纪突然兴起，并一举征服了中原大地。在元朝皇帝的野蛮统治下，宋代文化的一切成果几乎被毁灭殆尽。15 世纪中期，大明王朝虽欲重振中原正统文化，却因深受内战困扰而自顾不暇。17 世纪，中国再度陷入外族满人的统治。在这一时期，昔日的饮茶礼仪与习俗几乎已经荡然无存。点茶法已经被人们完全遗忘。我们发现，对于宋代典籍中提到的"茶筅"，明代的一位训诂学家竟然也不知其为何物。现如今，茶已经是整叶放在茶碗或茶杯中，用热水冲泡饮用。西方世界之所以对早先的饮茶方法一无所知，其实原因很简单：欧洲人只是在明末的时候，才从中国认识了茶叶。

明代·葵瓣形白釉花口茶杯

明永乐·青花压手杯（茶盏）

对于当今的中国人来说，茶只不过是一种可口的饮料，与人生理念并无任何关联。国家连绵不断的灾难，已经使他们丧失了追求人生意义的热情。他们慢慢地变成了“现代人”，换言之，就是变得暮气沉沉，变得更为实际了。他们丢失了那种崇高的信念，而正是这种信念，让诗人和先贤们能够永葆青春与活力。他们奉行中庸之道，并谦恭地接受世界的传统习俗。他们游戏于大自然之间，却不屑于去征服她，更不屑于对她顶礼膜拜。他们杯中的茶叶，常常散发出花一般迷人的芳香，然而，他们手中的茶杯再也见不到唐宋茶道中洋溢的那种浪漫情怀。

向来亦步亦趋追随中国文明脚步的日本，对于中国茶史的三个阶段皆有所认识。据史书记载，早在公元 729 年，就有圣武天皇[15]于奈良皇宫赐茶予百人僧众的事迹。那时的茶叶可能是日本遣唐使受唐朝宫廷赏赐带回的，并以当时流行的方式泡茶。公元 801 年，最澄和尚[16]从中国带回了一些茶树的种子，将它们播撒于比叡山之中。在随后的几百年间，茶园便如雨后春笋般地不断涌现，茶的风靡带来了贵族的愉悦和僧人的清欢。公元 1191 年，赴中国学习禅宗南派的荣西禅师[17]，将宋代的茶艺引入日本。他带回的新茶种成功地种在三处茶园，其中一处便是京都附近的宇治。此后，宇治便以出产世界顶级好茶而闻名于世。随着禅宗南派在日本的迅速普及，宋代茶道以及茶道理想便以星火燎原之势在日本迅速传播开来。到了 15 世纪，在当时的幕府将军足利义政[18]的大力扶植下，茶道仪式已经完全定型，成为一种独立于宗教之外的世俗表演。从此以后，茶道便在日本正式确立了。至于中国后来出现的沏泡茶，对我们来说也是相对较晚的事情，一直到了 17 世纪中叶才为日本人知晓。虽然在日常消费中，淹泡的茶叶渐渐取代了粉末状的抹茶，但抹茶依旧是茶中之茶，其在日本文化中的地位依然无法撼动。

正是日本的茶道仪式，让我们见识了最为极致的茶道理念。公元 1281 年，日本成功地阻挡了蒙古大军的入侵，使得饱受游牧民族侵略、在中国本土上遭受无情扼杀的宋代文化，能在日本这块土地上延续并发展下去。对我们而言，茶道不再只是一种理想化的饮茶形式，而是变成了一门探索生活艺术的信仰。茶，成了人们对纯粹和优雅顶礼

明代·制壶大师供春所制的紫砂壶

膜拜的一个依托，成了一项神圣的仪式。在这种仪式中，主人与宾客共同成就了俗世的极乐境界。

在人生的荒漠之中，茶室便是一隅绿洲。疲惫焦渴的旅人在这里聚首，共同享受着艺术的甘泉。每一次茶会都是一出即兴表演，茶、花艺和绘画成了编织剧情的经纬。不曾有一抹色彩打破茶室的色调，不曾有一丝声响扰乱事物的节律，不曾有一个姿势扰乱整体的和谐，也不曾有一句言语破坏环境的统一；举手投足之间，一切都务求简朴与自然。这些全都是茶道仪式追求的目标。而颇为奇怪的是，这些目标常常都能如愿以偿。除此之外，隐身于茶道背后，更有一套微妙的人生哲理。茶道，其实就是道家的化身。

注释：

[1] 提香（1488～1576 或 1490～1576），意大利文艺复兴后期威尼斯派代表画家，早期作品深受拉斐尔和米开朗琪罗的影响。后来，他的作品比起文艺复兴鼎盛时期画家的作品更重视色彩的运用，对后来的画家如鲁本斯和普桑等人都有很大的影响，其代表作品有《神圣与世俗之爱》《酒神节》《圣母升天》等。

[2] 雪村（1504～1589），即雪村周继，日本战国时期的代表性画家，仰慕室町时期著名画家雪舟，以雪舟的后继者自居，并模仿其出家为僧从事绘画。代表作品有《竹林七贤图》《潇湘八景图》等。

[3] 李竹懒（1565～1635），即李日华，明代文学家（文中将他作为宋人，有误），字君实，号竹懒，浙江嘉兴人，万历进士，官至太仆寺少卿。能书画，善赏鉴，著有《味水轩日记》《紫桃轩杂缀》等。所作笔记多为书画评论，笔调隽逸，富有意趣。文中引用出自《紫桃轩杂缀》卷二，原文为“有好弟子为庸师教坏，有好山水为俗子妆点坏，有好茶为凡手焙坏。”

[4] 语出《论语·为政》：“视其所以，观其所由，察其所安。人焉廋哉！人焉廋哉！”（意思是，考查他的所作所为，查看他的过往经历，观察他的兴趣所安。这样，人怎么还可能隐瞒什么呢?）

[5] 其读音分别为：荼（tú）、蔎（shè）、荈（chuǎn）、槚（jiǎ）、茗

(míng)。

[6] 蒸青是制茶过程中杀青技术的一种，是以热气烘蒸的方式制止新鲜茶叶中生物酶的继续发酵，同时也减少叶片中的水分，使叶片变软，以便于进一步加工。

[7] 陆羽（733～804），复州竟陵（今湖北天门）人。一名疾，字季疵，号竟陵子、桑苎翁、东冈子。陆羽精于茶道，以世界首部茶叶专著《茶经》而闻名于世，被后人尊为“茶圣”。

[8]《茶经》的原文为：“如胡人靴者蹙缩然，犎牛臆者廉襜然，浮云出山者轮菌然，轻飙拂水者涵澹然……又如新治地者，遇暴雨流潦之所经，此皆茶之精腴。”作者的英译与原文略有偏差。

[9]《茶经》的原文为：“其水，用山水上，江水中，井水下。其山水，拣乳泉石地慢流者上，其江水，取去人远者，井取汲多者。”

[10] 卢仝（约795～835），唐代诗人，范阳（今河北涿县）人，“初唐四杰”之一，卢照邻的嫡系子孙。他著有《茶谱》，其《七碗茶歌》在日本被广为传诵。日本人对卢仝推崇备至，常常将之与“茶圣”陆羽相提并论。

[11] 此事记载于《封氏闻见记》卷六“饮茶”条。该官员指李季卿。

[12] 宋徽宗所撰论著《大观茶论》成书于大观元年（公元1107年），是我国历史上唯一一部由皇帝御笔的茶书，也是宋代茶书的代表作之一。全书共20篇，对北宋时期蒸青团茶的产地、采制、烹试、品质、斗茶风尚等均有详细记述。其内容并非“描述了二十种茶”而应为“茶的二十个方面”。

[13] 此处“新儒家”是指宋明理学。虽然更普遍的说法是，“新儒家”指1921年以后，在中西文明碰撞交融中产生的新的儒家学派。

[14] 王禹偁（954～1001），字元之，山东钜野人。晚年被贬至黄州，故世人称之王黄州。他反对宋初的浮靡文风，提倡平易朴素，其诗文清丽可爱，颇受后人推崇。后所引诗句出自他的《茶园十二韵》。

[15] 圣武天皇（724～749在位），名首，文武天皇的第一皇子，以推崇佛教、铸造卢舍那大佛像著称。

[16] 最澄和尚（767～822），日本天台禅宗的创立者。公元804年曾率弟子入唐朝学佛，于805年返回日本，文中所说的801年有误。

[17] 荣西禅师（1141～1215）。日本临济禅宗的创立者。自小从父学佛，14岁出家，初学天台密教，曾于1168年、1187年两度来到中国学习临济禅。著有《吃茶养生记》一书。

[18] 足利义政（1436～1490）。室町幕府第八代将军，应仁之乱后隐退，爱好绘画、能剧和茶道，庇护艺术家与文化人，建立银阁寺，兴起东山文化。

第三章 道与禅

一个人，若能掌握生活艺术的精髓，便可称作道家所说的『真人』。对他而言，呱呱坠地之时便是进入了梦境，而只有到了离开人世之时，他才如梦方醒，回归于真实的本原。他韬光养晦，为的就是让自己大隐于市，遁于无形。

众所周知，禅与茶两者的关系极为深远。前面已经提及，茶道仪式是由禅宗茶会演化发展而来的。而道家始祖老子这个名字，也与茶的历史紧密相连。在记载这项风俗习惯起源的中国古代启蒙典籍中，明确地提到向宾客奉茶的习俗正是源自老子的高足关尹[1]。他曾于老子西出函关时，对这位“老君”奉上一杯金色的长生不老仙药。我们无须过于执着这些故事的真伪，类似的传说至少可以确认道家在很早以前就有了饮茶的传统，因而颇具研究价值。不过，我们对道家与禅宗的兴趣，主要在于它们的思想蕴含着生命与艺术的思考，而这种思考在我们所称的茶道中得到了淋漓尽致的发挥。

南宋画家法常的《老子图》（局部）

遗憾的是，尽管我们也曾有过一些值得称许的尝试，但到目前为止，道家与禅宗教义似乎还未曾用任何外文形式完整地呈现出来。

翻译中始终存在着一种叛逆现象，就像明代一位文学家所说的那样，再好的翻译，最多也只是一幅锦缎的背面——其一丝一线虽然与正面类同，但色泽与图案却失去了精妙之处[2]。不过，话说回来，世上又有哪一种伟大的教义能被人们轻易阐明的呢？古代的圣贤们从来都没有系统地讲述他们的思想。他们往往说的是悖论。若非如此，他们会担心自己只说出了一半的真理，导致谬论流传。开始说话时，他们大智若愚，可等到他们说完之后，听者却如醍醐灌顶，茅塞顿开。老子曾以他新奇有趣的幽默说道："下士闻道，大笑之。不笑，不足以为道。"[3]

"道"，从汉语字面上的意思就是"路径"。关于道的翻译可谓五花八门，有译成"道路"，有译成"绝对真理"，也有译成"法则""自然""至理"或"模式"，不一而足。这些译法并没有什么错误之处，因为道家也会随着描述主题的不同，而赋予"道"不同的含义。老子也曾对道做了如此描述："有物混成，先天地生。寂兮寥兮，独立而不改，周行而不殆，可以为天下母。吾不知其名，强字之曰道，强为之名曰大，大曰逝，逝曰远，远曰反。[4]"在这段文字中，"道"就不再是所谓的"路径"，它是宇宙间无穷变化的精神所在——生生不息，永无止尽，凤凰涅槃，浴火重生。道家极为钟爱龙这个图腾，就是因为龙可以将自身盘踞起来，又如云彩一般聚散无常。道，或许可称之为

“大易”。从主观上而言，道是宇宙万物之态，其绝对性之中又隐含着某种相对性。

唐代·王维《江干雪霁图卷》（局部）（日本京都小川家族收藏）

首先应该记住的是，道家，如其正统的后继者禅宗一样，代表着中国南方的个人主义思潮。这与北方以儒家为基础的集体主义思潮形成了鲜明的对比。中国，这个中央王国，跟整个欧洲一样幅员辽阔，两条大河穿越其中，将其划分为风土民情相去甚远的两个区域。长江与黄河，可说是类似于地中海与波罗的海。即使是历经数百年统一后的今日，南方与北方在思维与信仰上依然存在着诸多差异，犹如拉丁民族与条顿民族（日耳曼人的一个分支）之不同。在古代，尤其是封建时代，其沟通与交往远不如现今这么便捷，所以思维上的差异也就更为明显。因此，一个地域的诗歌与艺术的土壤，同另一个地域便截然不同。在老子及其追随者身上，在长江流域自然诗派的先驱屈原身上，我们可以发现一种理想主义情怀。这种精神与他们同时期的北方文人所追求的那种令人乏味的伦理标签大相径庭。要知道，老子生活的年代是公元前5世纪。

道家思想的萌芽，在老子（姓李名耳，字聃，意思是"长耳"[5]）之前就早已存在。在中国古代文献，尤其是《易经》中，都预示了老子思想的萌芽。公元前16世纪[6]，周朝建立之后，对中华文明古典时代的律法与风俗的尊崇达到了顶峰。在很长一段时期，个人主义思想的发展受到了抑制。直到周朝最后分崩离析，中国进入春秋战国时期，无数个独立的诸侯小国如雨后春笋般地建立起来，个人主义之花才在思想自由的土壤中绽放得绚烂多彩。老子与庄子同样都属于中国的南方，他们都是新思潮最伟大的倡导者。而另一方面，孔子与其众多的弟子们却在竭力维护着上古传统，主张克己复礼。因此，倘若不了解儒家思想产生的历史背景，道家就很难被人们所理解，反之，也是如此。

元代·赵原《陆羽烹茶图》

我们在前面曾经提到过，道家思想中的“绝对”是一种“相对”概念。在伦理道德方面，道家对法律以及社会道德规范一直秉持反对的态度，因为对他们来说，是非与善恶乃是相对的概念。定义总是具有一定的局限性——“固定”与“不变”只是表示事物生长与发展过程中的暂时停歇。屈原曾经说过：“圣人不凝滞于物，而能与世推移[7]。”我们的道德标准，是建立在过去的社会需要的基础之上，可社会需要难道就一成不变了吗？对社会传统的遵循，往往是以不断牺牲个人，保全整体为代价的。而教育，为了维持这强大的虚幻的道德体系，放任和鼓励了这种种无知。人们所接受的教育，其实并非是德行，而是规范他们的言行举止。我们的自我意识无限膨胀，无拘无束，以至于道德沦丧。我们害怕告诉别人真相，所以，我们借用道德的伪装；我们害怕告诉自己真相，所以，我们用虚名来掩饰自己。倘若这个大千世界的本身都如此的荒谬不经，我们对它的态度又如何能严肃认真？看，那些无处不在的交易。荣誉！贞洁！看，那些扬扬自得的推销员，正在兜售善良，贩卖真理。甚至连所谓的信仰，也可以用金钱来交换。其实，那些不过是一些寻常而肤浅的道德信条，只是其外表用鲜花和音乐装点了一番。倘若把那些装饰的外衣去掉，那么，这些宗教殿堂还能剩下什么呢？然而，这些乌七八糟的“信仰”竟还有如此惊人的繁荣，因为它的“价码”是异常的低廉——一次祈祷，就能让你得到通往天国的门票；一纸凭证，就可以成为光荣信众的证明。赶快藏起自己的锋芒吧！否则，你的才学一旦为世人知晓，你就会马上被公开拍卖，最后落入出价最高者之手。世间的男男女女，为什么如此热衷于推销自己？这难道不是源自奴隶制时代的一种本能吗？

道家思想的活力，不仅体现在它引领后世思潮的能力，更在于它冲破了现有思想体系的力量。在中国由分裂走向统一并形成“中国”这个名字的秦朝，道家是一股极为活跃的力量。倘若我们有时间去罗列一下它对当时的思想家、算术家、法家、兵家、玄学家、炼丹术士，以及之后的长江流域自然派诗人所产生的影响，那应该是一件很有意义的事情。我们甚至不应忽略那些以“名实”为探讨主题的名辩思想家。他们曾经提出过质疑，白马是因为其色而存在，还是因其实而存在。[8]当然，我们也不能忽略了六朝时期的清谈名士。他们与禅宗弟子一样，沉迷于“清谈”与“玄谈”的思辨之中[9]。总而言之，我们应当向道家致敬，因为它为中国的民族性格的形成做出了贡献，使之拥有了

“温润如玉”[10]的审慎节制和优雅精致。无论是王公贵族，还是山林隐士，道教信徒们遵循着道教信条，并给我们留下了多姿多彩又妙趣横生的故事。这些故事贯穿于中国历史的各个阶段。这些故事充满了不可思议的趣闻逸事、寓言和警句，将趣味和教化融为一体，所以流传甚远。在这些故事里，我们可以跟那个讨人喜欢的皇帝促膝长谈，他未尝出生，所以不曾逝去；我们可以随列子御风而行，却发现一切竟如此静谧，因为我们自己就是那清风[11]；我们可以与河上公[12]一起悬于半空，因为他既不属于地，也不属于天，故能在天地之间遨游。遗憾的是，如今的中国道教已经偏离了它的本来面目，变得有点荒诞不经。即便如此，我们依旧可以分享那些不可思议的传说故事，分享故事中丰富多彩的迷人想象。这一点，其他任何宗教都难以企及。

不过，道家对亚洲人生活所做的主要贡献还是在美学领域。中国的历史学家们总是把道家学说称为“处世之道”，因为它关乎当下——关乎于我们自身。正是在我们身

日本鹿苑寺金阁

上，“神性”与“本性”融会，昨日与明日分离。而“当下”便是那流转的“永恒”，也是“相对”的真实所在。“相对”则需要寻求“调节”，而“调节”便是“艺术”。生活的艺术，便在于我们根据环境的变化而不断地进行调节。其实，道家对于尘世中的一切秉持着接纳的态度。而且，与儒家与佛家不同的是，道家力图从我们这个充满悲哀和烦扰的世界中发现和挖掘美之所在。宋代曾流传一则“三圣尝醋”的寓言，形象地说明了儒释道三家教义的不同导向：在这则寓言中，释迦牟尼、孔子与老子站在那象征着人生的醋缸面前，他们各自用手指蘸醋之后，放进嘴里尝了一下。实事求是的孔子说醋是酸的，佛祖释迦牟尼则说它是苦的，而老子则断言它是甜的[13]。

道家认为，倘若人人都能保持物我的和谐统一，那么，人生之戏便会更加精彩。保持事物的分寸感，给别人留有生存和驰骋的空间，而自己的空间又毫发无损，这便是在俗世的大戏中成功的秘诀。为了演好自己的角色，我们必须知晓人生大戏的全貌；我们在考虑自我的同时，切勿失却整体的观念。老子最喜欢用“虚无”的隐喻告诉我们这个道理。他认为，只有在“虚无”之中才会有真正的精髓。比如，一间房屋的实质，是由屋顶与墙壁所围成的空间，而不是屋顶和墙壁本身。水壶的有用之处，就在于它用来盛水的空间，而不在于水壶的形态，或者制作水壶的质地。“虚无”，因其无所不包，也就无所不能。唯有在“虚无”

之中，“运动”才会成为可能。一个人，倘若能够虚怀若谷，包容万物，让人可以自由融入，那他就能驾驭一切，而不被局面所左右。整体，总是能够支配个体。

元代·赵孟頫书写的《道德经》（局部）

这些道家思想，对于我们一切行动的指导原则产生了巨大的影响，甚至包括了我们的剑术与相扑。日本的一种自卫防御术——柔术[14]，其名字就是来源于《道德经》中的一个章节。在柔术的角斗中，一个人通过不抵抗方式引出并耗尽对方的体力，同时又能有效地保存自己的实力，以便在最终的决战中取得胜利。在艺术中，这种原则的重要性体现在画作暗示性的“留白”。艺术品的这种欲言又止或言犹未尽的“留白”，让观赏者有机会自己去填补。这样，你的视线就会不可抗拒地被那旷世之作深深地吸引住，直到你感觉自己似乎被融化在其中，成了它的一部分。那“虚无”便是虚位以待，等待你融入其间，并用你自己的全部审美情感将其填满。

一个人，若能掌握生活艺术的精髓，便可称作道家所说的“真人”。对他而言，呱呱坠地之时便是进入了梦境，而只有到了离开人世，他才如梦方醒，回归于真实的本原。他韬光养晦，为的就是让自己大隐于市，遁于无形。“他小心翼翼，如冬日涉溪而过；他谨小慎微，怕惊扰了四方近邻；他彬彬有礼，如同赴宴的客人；他战战兢兢，如临深

明代·文徵明《煮茶图》

渊，如履薄冰；他朴实谦逊，如同未经雕琢的木材；他心胸旷达，虚怀若谷；他无形无状，如同波涛汹涌的流水。[15]”对他来说，人生的三宝无非就是“慈悲”“节俭”与“不敢为天下先”[16]。

现在，倘若我们将目光转向禅宗，我们便会发现它强调的是道家的教义。禅，这个名称源自于梵文的“禅那”（Dhyana），其意是沉思冥想。禅宗主张通过神圣的冥想可以达到一种至高无上的顿悟境界。禅定，也是佛家悟道成佛的六度之一[17]。禅宗弟子认为，释迦牟尼在其晚年的说教中，特别强调了这种修行方式的重要性，并将修行的方法传授给自己的大弟子迦叶[18]。迦叶，即禅宗的初祖，也遵循着同样的传统，又将此法传给了二祖阿难[19]，阿难又将其衣钵传给接任的弟子。如此薪火相传，一直到第二十八代弟子菩提达摩[20]。公元 6 世纪上半叶，菩提达摩来到了中国北方，成为中国禅宗的初代祖师。这些历代祖师的生平以及他们的教义，史书上并没有非常确切的记载。从哲学观点来看，早期的禅宗，一方面与龙树菩萨[21]的印度式否定论似乎有着某种相通之处，另一方面与商羯罗[22]创立的智慧哲学又有一定的渊源。现如今，我们所知道的最早的禅宗教义，则要归功于中国的禅宗六世祖慧能[23]（637～713）。他是南禅的创始人，因为这一派最初盛行于中国的南方，并由此而得名。慧能之后，马祖道一[24]（卒于788年）大师继续弘扬禅宗，并将禅宗的影响力渗透到中国民众的日常生活之中。他的弟子百丈怀海（719～814）[25]更是建起了第一座禅寺，并为禅寺的治理制定了一整套清规戒律。从马祖道一之后的禅宗论辩中，我们可以发现，长江流域的个人主义思想已经取代了早先的印度式理想主义，并形成了一种中国本土的思维模式。无论禅与道之间有多少门派之分，任何人都不可能对禅宗南派思想与老子学说及道教清谈派的相似性熟视无睹。《道德经》中早就提到了凝神贯注的重要性，也提到了适当调息的必要性，而这些正是坐禅的基本要点。对于老子《道德经》的一书的注疏，有些佳作也是出自禅宗学者之手。

与道家一样，禅宗也推崇“相对性”。一位禅师对禅宗作过如下定义：禅是一种“坐南观北斗”的艺术[26]。只有对我们的对立面有了充分的认识与理解，我们才能到达真理的彼岸。禅宗也是个人主义的积极倡导者，这一点也与道家不谋而合。除却我们心灵的流转，一切皆是虚妄。有一天，六世祖慧能看见两位僧侣在观看寺塔的经幡随风飘动，其中一僧说：“是风在动。”另一僧则说：“是幡在动。”然而，慧能向他们解释说，真正在动的，既不是幡，也不是风，而是你们的心[27]。有一次，百丈怀海跟弟子在林中行走。这时候，有一只兔子在两人走近时仓皇逃跑。百丈便问：“兔子为什么见了你就逃跑呢?”弟子答道：“因为它怕我。”百丈大师说道：“不，是因为你天性喜欢杀生。[28]”这段对话让人又联想到道家的庄子：有一天，庄子与朋友沿着河岸而行。庄子叹道：“儵鱼出游从容，是鱼之乐也!”他的朋友便说：“你不是鱼，怎么知道鱼之快乐呢?”庄子答道：“你不是我，又怎么知道我不知道鱼之快乐呢?[29]”

正如道家与儒家的对立一样，禅宗也常常与正统的佛门戒律产生冲突。禅宗思想具有超凡的洞察力，故言语反而成了思想传播的障碍；后人的不同解读，使得整个佛教经典含糊不清，摇摆不定。禅宗的追随者，意在与事物的内在本质进行直接的对话；而其外在的附属物，不过是完全感悟真理的障碍。正是由于对“玄学”的这种热爱，使得禅宗的艺术取向发生了重大转变。他们不再喜欢传统佛门画派那种精工细作的工笔重彩，而更倾向于朴实无华的黑白素描。一些禅师甚至竭力从自身中挖掘出佛性，他们不尊佛像，不重仪轨，成了打破宗教传统的先锋。在一个寒冷的冬日，南禅的丹霞和尚将木雕的佛像拿来生火取暖，旁边的人见状不禁惊呼道：“怎么可以如此亵渎神明呢?”丹霞气定神闲地说道：“我想烧出舍利子呀。”对方生气地回道：“木雕佛像怎么能烧得出舍利子来?”丹霞欣然答道：“倘若烧不出舍利子，那它便不是佛，既然不是佛，我怎么就亵渎了神明呢?”说完，他转向火堆，自顾自地烤起火来[30]。

禅宗对于东方思想的特殊贡献，就在于认同俗世与精神具有同等的重要性。禅宗认为，就事物本身的关系属性而言，世间万物并无大小之分，原子虽小，却像整个宇宙一样孕育着无限可能。一个追求完美境界的人，必定能够从自己的世俗生活中看到灵魂之光显现。从这一点来说，禅寺的组织体系就有着非同寻常的代表意义。除了住持之

日本狩野常信绘《德山禅师图》（现藏于美国波士顿艺术博物馆）

外，其他所有的僧众都要分担全寺上下各种杂务。让人感到不解的是，地位最低微的沙弥，只承担了一些比较轻松的事务，而那些资历最高、最受敬重的和尚，却要负责最烦人、最卑贱的差事。这些日常事务成了丛林清规的一部分，无论事务多么琐碎微小，无不要求做到尽善尽美。这样一来，许多内涵深刻的禅辩，便在这园中除草、厨房择菜，或在沏茶奉茶的过程中自然而然地展开了。茶道的全部理想，就是禅宗见微知著、小中见大观念的具体体现。道家奠定了茶道审美理念的基础，而禅宗则将这一理念付诸于实践。

注释：

[1] 关尹是以官代名。关是指老子出函关的关，守关的人叫关令尹，名字叫作喜，所以称为关令尹喜，后人尊称为关尹子。相传，老子看透了当时的形势，知道周天子王治不久，所以西出函关。函关的关守令尹喜久仰老子大名，所以盛情款待和挽留，祈求指教。老子为其留下《道德经》五千言，然后骑牛西去。

[2] 该处所用引文应出自北宋僧人赞宁所撰《宋高僧传》卷三《译经篇》："翻也者，如翻锦绮，背面俱花，但其花有左右不同耳。"作者所说的明代文人有误。

[3] 语出《老子》第四十一章。意思是，根器愚钝之人听闻也，则嘲笑之；若不嘲笑，便不是真正的道了。

[4] 语出《老子》第二十五章。意思是，有一个东西是浑然一体的，在天地之前就已经出生。寂然无声，虚寥无形，独自确立而不可改变，周期运行而不会停止，可以成为天下的源头。我不知道它的名字，勉强叫它"道"，再勉强取名为"大"。广大而流逝，流逝而遥远，遥远而返回本原。

[5] 老子姓李名耳，字伯阳，谥号聃，或曰老聃，盖“李”与“老”古音相同，“耳”与“聃”字义相应。关于老子名字的考据，学术界尚无定论。

[6] 周朝建于公元前 11 世纪，而非公元前 16 世纪。此处，作者有误。

[7] 盖语出于《渔父》。意思是，圣人不固守于客观时事，而能随着世道变化而变化。实际上，这是渔夫劝屈原随波逐流的话。而屈原则坚持“宁赴湘流，葬身于鱼腹，安能以皓皓之白，而蒙世俗之尘埃乎”。

[8] 此处不得其意，似将名家关于“白马非马”与“离坚白”的两个著名命题混为一谈。可参考《公孙龙子·白马论》：“马者，所以命形也；白者，所以命色也。命色者，非命形也，故曰白马非马。”以及《公孙龙子·离坚白》：“无坚得白，其举也二，无白得坚，其举也二。”“视不得其所坚而得其所白者，无坚也。拊不得其所白而得其所坚者，无白也。”

[9] 六朝指东吴、东晋及南朝的宋、齐、梁、陈这六个朝代。它承汉启唐，创造了极其辉煌的“六朝文明”。清谈是六朝承袭东汉清议的风气，针对一些玄学问题析理归难、反复辩论的一种文化现象。

[10] 出自《诗经·秦风》：“言念君子，温其如玉。”

[11] 传说列子贵虚尚玄，修道炼成御风之术，能够御风而行，常在春天乘风而游八荒。庄子《逍遥游》中描述列子乘风而行的情景：“泠然善也，旬有五日而后返。他驾风行到哪里，哪里就会枯木逢春，重现生机。飘然飞行，逍遥自在，其轻松自得，令人羡慕。

[12] 河上公亦称“河上丈人”，汉朝齐地琅琊一带方士，黄老哲学的集大成者，黄老道的开山鼻祖。他是历史上真正的隐士。其为老子作注的《河上公章句》成书最早，流传最广，影响也最大。文中河上公浮于天地之间的故事出自葛洪《神仙传·河上公》：“即拊掌坐跃，冉冉在空虚之中，去地百余尺，而止于虚空，良久，挽而答曰：‘余上不至天，中不累人，下不居地，何民之有焉？君宜能令余富贵贫贱乎？’”

[13] 该故事形象地描述了儒、释、道的世界观与哲学基调，常见于画作《三酸图》。本杰明·霍夫（Benjamin Hoff）在其著作《维尼的道》（*The Tao of Pooh*）中曾作引用，于是开始在西方社会流传。

[14] 柔术（Jyujitsu），正式形成于春秋战国时期，成熟于隋代，唐代进入宫廷，为柔道的前身。

[15] 语出《老子》第十五章。原文为：“豫兮若冬涉川，犹兮若畏四邻，俨兮其若客，涣兮若冰之释，敦兮其若朴，旷兮其若谷，可兮其若浊。”

[16] 语出《老子》第六十七章。原文为：我有三宝，持而保之。一曰慈，二曰俭，三曰不敢为天下先，慈故能勇；俭故能广；不敢为天下先，故能成器长。

[17] “六度”（Sad-pāramitā）为佛教术语，指布施、持戒、忍辱、精进、禅定、般若六法门。“度”梵语是“Pāramitā”，汉译经典中亦常作“波罗蜜多”，意思是“到达彼岸”，就是从烦恼的此岸度到觉悟的彼岸。六度就是六种到达觉悟彼岸的方法。

[18] 迦叶，即摩诃迦叶，释迦牟尼的十大弟子之一，有“头陀第一”

“上行第一”等称号。根据《大梵天王问佛决疑经》，佛陀拈花微笑，迦叶会意，被认为是禅宗的开始。中国禅宗把摩诃迦叶列为“西天第一代祖师”。“拈花微笑”公案并不见于禅宗创立之前佛教典籍经文，因此有人认为是后人杜撰的。

[19] 阿难，又称阿难陀，王舍城人，佛陀的堂弟，也是他的侍者。他是佛陀释迦牟尼十大弟子中的一位，被称为多闻第一。他在佛陀涅槃后证阿罗汉果，并参与佛教的第一次集结。据说，他继摩诃迦叶之后，成为僧团的领导者。

[20] 菩提达摩（？～528 或 536），南天竺人，中国禅宗的始祖。相传，达摩于中国南朝梁武帝时期航海到达广州，至南朝都城建业会见梁武帝，话不投机，便乘一苇渡江，北上北魏都城洛阳，后卓锡嵩山少林寺，面壁九年，传衣钵于慧可，后出禹门游化终身。

[21] 龙树（Nōgōrjuna，约 2～3 世纪），古印度佛教哲学家，大乘佛教中观派的开山祖师。龙树是大乘佛教史上的第一位伟大论师，著有大量的大乘论典。其中，最主要的有《中论》《大智度论》《十住毗婆沙论》等。他的学说由鸠摩罗什翻译并介绍到中国，大乘空宗的思想因而得以发扬光大，其影响极为深远。中国大乘八宗都一致尊奉龙树为共同的祖师。文中所述"印度式否定论”，概指《中论》的核心思想，即第一品第一颂中的“八不偈”：“不生亦不灭，不常亦不断，不一亦不异，不来亦不出。”

[22] 商羯罗（Shankara，约 788～820），印度中世纪吠檀多哲学的集大成者、不二论哲学家、实践智慧解脱的瑜伽士。在其短暂的一生中，他云游印度，致力于复兴传统的婆罗门教，驳斥当时

在印度流行的佛教之“无我”学说，重新肯定关于个体灵魂的吠陀思想。

[23] 慧能（637～713），亦作惠能。佛教禅宗南宗的开创者，得黄梅五祖弘忍传授衣钵，继承东山法门，为禅宗第六祖，被唐中宗追谥为大鉴禅师，是中国历史上有重大影响的佛教高僧之一。《六祖坛经》记载了惠能一生得法传法的事迹及启导门徒的言教，是研究禅宗思想渊源的重要依据。

[24] 马祖道一（709～788），唐代僧人。本姓马，名道一，后世也称马祖或马祖道一。汉州什邡县（今属四川）人，师事怀让。曾在佛迹岭（在今福建建阳）、龚公山（在今江西南康）等处传授神法。主张“自心是佛”“凡所见色，即是见心”之理。

[25] 百丈禅师（719～814），即百丈怀海，唐代僧人，为马祖道一的法嗣。他是佛教改革家，确立了《丛林清规》即《百丈清规》，形成了具有汉民族特色的寺院制度。

[26] 此句典出《五灯会元》卷十五。僧问：“什么是佛法大意?”云门禅师答：“面南看北斗。”日本著名禅师铃木大拙据此作偈语“东望西山见，面南观北斗”。

[27] 典出《瘗发塔记》。当印宗法师在法性寺讲《涅槃经》之际，“时有风吹幡动，一僧曰：“风动”；一僧曰：“幡动”；慧能进曰：“不是风动，也不是幡动，仁者心动也。”印宗闻之飒然，为其落发，二月初八受具足戒。该公案也见于《坛经·行由品第一》。

[28] 此公案在《五灯会元》卷四及《景德传灯录》卷十中均有记裁，但主人公并非百丈怀海，而是赵州从谂，故事情节也略有出入。

《景德传灯录》卷十《赵州从谂》："有人与师游园，见兔子惊走，问云：'和尚是大善之士。为什么兔子见惊？'师云：'为老僧好杀。'"

[29] 参见《庄子·秋水》：庄子与惠子游于濠梁之上。庄子曰："鯈鱼出游从容，是鱼之乐也！"惠子曰："子非鱼，安知鱼之乐？"庄子曰："子非我，安知我不知鱼之乐？"惠子曰："我非子，固不知子矣；子固非鱼也，子之不知鱼之乐，全矣。"庄子曰："请循其本。子曰：'汝安如鱼乐'云者，既已知吾知之而问我。我知之濠上也。"

[30] 丹霞和尚（139～724），名天然，南禅宗清源派第三代传人。事见《祖堂集》卷四：丹霞和尚"于惠林寺，遇天寒，焚木佛以御次。主人或讥，师曰：'否荼毗，觅舍利。'主人曰：'木头有何也？'师曰：'若然者，何责我乎？'"

第四章 茶室

茶室必须依循茶师个人的审美品位来营造。这是对艺术生命力原则的一种印证。艺术，要想被人们充分欣赏，就必须真诚地面对现实生活。这并不是意味着我们可以忽略子孙后代的要求，而是应该更多地去享受当下的生活；这也并不意味着我们可以藐视过去留下的艺术作品，而是应该努力将它们融入我们的观念之中。

茶道大师千利休设计建造
的妙喜庵茶室“待庵”

欧洲建筑师是在石材砖瓦结构这种传统氛围中成长起来的。对他们来说，日本用竹木营造的屋舍几乎没有资格跻身于建筑的殿堂。一直到了最近，才有一位研究西方建筑的学者，开始认同并赞赏我们宏伟的寺庙非常的完美[1]。对于日本建筑中最为经典之作尚且如此，我们更不要奢望一个外来者能够欣赏我们小小茶室那微妙含蓄之美，毕竟在建筑结构与装饰原则上，它与西式建筑是如此截然不同。

茶室，日语名称为数寄屋（Sukiya），看上去与一个农家小舍别无二致——所以，我们称之为草庵。“数寄屋”这个词的日文表意文字，原本即为“想象之所”。近年来，许多茶道流派的大师根据他们对茶室意境的不同理解，赋予了它不同的汉字符号。于是，“数寄屋”也可能会表达“空

日本数寄屋的代表作品·桂离宫新书院

之屋”或“非对称之所”的意思[2]。茶室之所以被称为“想象之所”，是因为茶室是依附于主屋而建的临时处所，用来表达即兴而起的诗意；而之所以被称为“空之屋”，就在于茶室内陈设的物品除了满足当下所追求的审美需要外，便完全不做多余的装饰摆设；此外，我们称之为“非对称之所”，是因为它是基于对“不完美”的崇拜，刻意留下一些未竟之处，任凭人们用想象力来加以补充。自16世纪以来，茶道理想对日本建筑产生了极其深远的影响，以至于现今的日本普通家宅室内装饰都极为简约和朴素，在外国人看来，几乎到了空荡无物的地步。

明代·宣德铜香炉

第一座独立营造的茶室，其创始人乃是千宗易，也就是后来广为人知的千利休[3]。在日本茶道中，千利休堪称大师中的大师。公元 16 世纪时，在丰臣秀吉[4]的资助下，他制定了茶道的基本仪规，并将其提升到了一个高度完美的境界。在此之前，茶室的基本格局已于 15 世纪由著名茶师武野绍鸥[5]所确定。早期的茶室，常常只是满足茶会的需要，将一间普通的客厅用屏风隔出一块区域，供饮茶待客之用。这样的隔间叫作“围室（囲い）”。时至今日，凡是附属于整体房舍，非独立建成的茶室，依旧还沿用此名。而独立的数寄屋，则包括了以下四个组成部分：一是茶室本身——其空间的大小是按照一次最多只能容纳五人的规格设计的，正合了那句谚语：“比美惠三女神多，较缪斯九女神少”[6]；二是水屋，一间用来在茶会开始之前清洗及放置茶具的地方；三是玄关（待合），即宾客们在主人召唤进入茶室之前的等候区域；四是露地，就是一段连接玄关与茶室的花园小径。茶室的外观可以说其貌不扬，在规格大小上，甚至还不及日本一般人的居所，但其建造所选用的材料，则是刻意在简朴的外表之下蕴藏着一种高贵。然而，我们必须记住，这一切看似简单的设计，其背后却暗含着深思熟虑的艺术构思。而且，对于处理各个细微之处的精心程度，茶室也许更胜于那些最为富丽堂皇的宫殿和庙宇。一座理想茶室的造价，可能比一座普通的豪宅大院还要昂贵，因为在建材的选择以及建筑施工上，都需要极为审慎与精细。实际上，那些被茶道大师选中的木匠，往往都在工匠中形成了一个与众不同且备受尊崇的阶层。他们手艺的精细程度，比起那些最为精致的漆柜工匠来也毫不逊色。

茶室不仅与西方的建筑区别很大，即使与日本自身的经典建筑相比也相去甚远。我们古代的尊贵建筑，无论是世俗的殿堂宅邸，还是宗教性的庙宇神社，仅在建筑规模

清乾隆款·炉钧釉双耳三足炉

上就无法让人小觑。那些历经几百年火灾风险而幸存下来的少数建筑，其外表的宏伟壮丽与内部的富丽堂皇仍能让我们叹为观止。它们的木头大柱直径达两三英尺，长达三四十英尺，再加上那结构复杂、错落有致的横梁，共同撑起了沉重的砖瓦屋顶。尽管这种建筑材质和营造方法不利于防火，但却具有极强的抗震能力，也非常适合于我们日本的气候条件。法隆寺[7]金堂与药师寺[8]大塔，都是我们木质建筑坚固耐久的最好例证。这些建筑已经矗立了将近12个世纪，如今依然完好无损。这些古老的寺庙与宫殿的内部装潢都极度奢华。从建于10世纪的宇治凤凰堂[9]，我们仍然可以看到镶有镜面和螺钿的精致天蓬和镀金的华盖，

日本法隆寺金堂

日本京都二条城

甚至连墙上残存的早年绘画与雕像仍依稀可见。再后来，日光城[10]和京都二条城[11]也有很多装饰复杂的建筑。它们色彩斑斓，细部处理极为精巧，尽管这种装饰让建筑结构的美感有所丧失，但其整体风格仍然可以与那最为金碧辉煌的阿拉伯或摩尔式建筑风格相媲美。

茶室的简约与纯净风格主要是源自于对禅宗寺院的模仿。与其他佛教宗派不同的是，禅宗寺院仅仅是供僧众居住的地方。寺院里的禅堂并不是用来供人参拜或朝圣的道场，而是一个供僧众们禅辩和练习打坐的学堂。禅堂空阔，除了祭台后面的中央神龛之外别无他物。神龛里供奉的往往是禅宗的开山祖师菩提达摩的塑像，或者是佛祖释迦牟尼及其侍者迦叶与阿难的塑像——他们也是最早的两位禅宗祖师。祭台上摆放着供奉的鲜花与熏香，以纪念这些大德禅师们对禅门所做出的巨大贡献。前面我们已经说过，在达摩祖师像前依次共饮一碗茶是禅宗的僧侣们所创建的仪式，这已经成为日本茶道的起源。这里需要补充的是，“壁龛”（Tokonoma）的原型其实来自于禅堂的祭台。壁龛是日本房间里最为尊贵的地方，常常用一些绘画与插花来加以装点，供客人们在此陶冶性情。

日本寺院里的禅堂

所有伟大的茶师都是禅宗的弟子。他们力求将禅的精神融入到现实生活之中。于是，茶室以及其它茶道器具，皆反映了一定的禅宗教义。正统茶室的大小规格，一般为四叠半榻榻米见方，约合十平方英尺。这一规定源自于《维摩诘经》[12]中的一段故事。在这部饶有趣味的经典中，维摩诘居士就是在这种大小的斗室中，接待了文殊菩萨以及佛陀的84000名弟子。这一则故事所传达的意思是，对于真正达到大智慧境界的人来说，空间的概念已经不复存在。而“露地”，也就是连接玄关和茶室的庭园小径，则象征着禅定的第一个阶段：即通往明心见性之路。露地意在打破茶室与外在世界之间的关联，创造出一种清新的意境，让饮茶者从茶室本身之美中获得一种全然的喜悦之情。踏入这样一条庭园小径，行走在常青树的幽暗光影下，铺路石错落有致；石缝间散落着干枯的松针，花岗岩的灯笼之上爬满了碧绿色的青苔。此时此刻，你能感受到自己的精神境界已经完全脱离平庸，得到了进一步的升华。即便是身处闹市，你依然能够感觉到心在远离文明尘嚣的森林之中。在营造这种“静”与“净”的境界中，茶师们所呈现的匠心独运可谓比比皆是。至于踱步于露地之间究竟会激发出何种感受，则因茶师的不同而有所差异。一些人意在追求纯粹的清寂，比如一代大师千利休。他认为，设置露地的奥妙之处就包含在下面这首古代歌谣之中：

踽踽独行远眺望，

也无红叶也无花。

深秋薄暮月朦胧，

一轩坐望浪淘沙。[13]

而其他一些茶道大师，如小堀远州[14]，则是意在寻求营造另一番境界。远州认为，庭园小径的意境蕴含于下面的诗句中：

夏夜望海远，

茂林眺月晦。[15]

小堀远州要表达的含义，我们其实不难揣摩。他希望借助露地创造出一种意境：刚刚唤醒的灵魂，一面徘徊在往日依稀的旧梦里，一面又沐浴在那令人愉快的洒满柔和灵性之光的无意识中，憧憬着那个位于遥远彼岸的自由王国。

经过露地这般心灵净化之后，准备妥当的客人将会安静平和地走向那茶的圣殿。如果来客是一位武士，他便将自己的佩剑留在屋檐下的刀架上。此时此刻，茶室成了一块超然至上的和平净土。随后，他便躬身屈膝，跪行而入，穿过一道不足三英尺高的矮门。不论来者的身份高低与贵贱，所有的客人皆应如此。这样的安排意在教人心怀谦卑之情。在“玄关”驻足停留之际，客人们入席的次序由彼此商定。待主人召唤之后，客人们便依次入内，就座时要保持安静，然后先向主人安置于壁龛的绘画和插花鞠躬行礼。等所有的客人落座，屋内除了铁壶煮水的沸腾声外，别无其他声响后，主人才会进入茶室。茶会所用的壶底，主人还特意放置了几块铁片，使得壶水在沸腾时发出美妙动听的韵律。那回声如瀑布穿云，气势磅礴；如大海惊涛拍岸，溅起无数浪花；如大雨滂沱，竹林飒飒有声；又如远处之山岗，松涛阵阵。

因为茶室是斜顶，屋檐很低，只能照入少量的光线，即便是在白天，茶室内的光线也会非常的柔和。从茶室屋顶到地板，处处都显得素雅而纯净；客人们的着装也必须经过精心的挑选，以便与茶室四周颜色协调一致。茶室内的一切摆设最讲究的特点就是要有岁月的积淀，凡是新近之物都不宜出现在茶室之内，唯有竹制的茶筅和麻布茶巾例外。无论茶室与茶具看起来有多么陈旧，但一切绝对是洁净无比，即使是在光线最暗淡的角落，也是一尘不染。若非如此，那茶道大师便是浪得虚名。成为茶道大师的基本功之一就是知道如何清扫、做清洁和洗刷，因为清洗和除尘也是茶道中的一门艺术。比如，对一件年代久远的金属古董，就绝对不能像荷兰那些家庭主妇一样擦拭。再比如，花瓶滴落的清水也无须将它抹去，因为它能让人联想到露珠一般的纯净与清爽。

在这方面，有一则利休的故事可以为我们进一步阐明大师对于洁净的理念。有一次，利休之子绍安正在清扫露地，利休本人则在一旁看着。当绍安全部打扫完之后，利休便说“还不够干净”，吩咐他再打扫一次，绍安只好继续。又经过一小时的辛勤努力之后，绍安对利休说：“父亲大人，已经没有什么东西可以清扫的了，小径已经扫了三遍，石灯笼和树梢上都洒了水，苔藓和地衣泛起了一片新绿，显得生机盎然；地上也已经打扫干净，连一枝一叶找不到了。”利休听了，不禁斥责道：“蠢蛋，露地可不是这么清扫的。”一边说着，一边步入庭园，抱住一棵树干摇将起来。顿时，园子里洒满了金色和深红色的落叶，片片皆如秋日之锦缎！由此可见，利休所欲，并非是徒有清净，更多的则是兼具自然与美感。

茶室有“想象之所”这样的雅号，意味着茶室的结构设计常常是为了满足某一个体的审美要求。茶室是为茶道大师所造，自然要体现茶师的审美理念，而不是相反。茶室的营造并不是为了世代相传，故而只是漫漫历史长河中的一个临时处所。人人皆应有自己的住所，这种理念源自于日本大和民族的古老习俗。日本神道教有个迷信的说法，即在屋主人去世之后，每间房子都必须腾空。当然，当时之所以需要这样做，背后也许有一些卫生方面的考虑。此外，还有一项古老的习俗：每对新婚夫妇都应该得到一栋新建的房屋。因为受这些习俗的影响，我们远古时期的国都地址一直在频繁地更换。伊势神宫，这座供奉着天照大神[16]的地位最高的神社，每隔 20 年就要重建一次。这个传统即是日本古代风俗延续至今的一个例证。要遵循这样的传统习俗，就必须采用我们特有的木制构造与营造式样。这样，既便于拆卸，也便于搭建。采用砖石材料的更耐久建筑，对常常迁移的人来说并不可行。实际上，自奈良之后，我们也确实采用了中国人建造更为稳固庞大的木结构建筑，迁都之事从此也就基本上归于停歇了。

然而，到了15世纪，具有强烈个人主义色彩的禅宗思想占据了主导地位，给日本建筑艺术理念注入了更深刻的意蕴。这一点从茶室的变化中便可察觉。基于一切无常的佛教学说，以及以心御物的修行要求，禅宗认为，房屋只不过是人的临时栖身之所。就连我们的身体，也不过如荒野中的一间茅舍而已——用四周的野草捆扎而成的脆弱的庇护之所，终有一天会散落开来，回归于原来的荒芜之中。茶室以茅草为顶，喻指万物短暂易逝；其纤细支柱，暗示着人生之脆弱；竹制的撑架，透露出个体之轻微；平凡的选材则折射出明显的漫不经心，教人无须过分执着于这世界的变化无常。因为只有在这样简朴的环境中，内心那妙不可言的灵光才能发现美感，我们也才能追寻到永恒。

茶室必须依循茶师个人的审美品位来营造。这是对艺术生命力原则的一种印证。艺术，要想被人们充分欣赏，就必须真诚地面对当下的生活。这并不是意味着我们无须考虑子孙后代的要求，而是应该更多地去享受当下；这也并不意味着要无视过去留下的艺术作品，而是应该努力将它们融入我们的观念之中。对传统与准则的盲从，只会束缚建筑艺术中个性特征的表达。当今日本的建筑，目之所及都是对欧洲建筑下意识的模仿，只能让人为之扼腕叹息。我们也很惊讶，西方国家如此先进，为何其建筑风格毫无创意，尽是老调重弹？也许，我们正在经历一个艺术民主化的时代，只能等待着有一位卓越大师的出现，以开创一个新的艺术王朝。但愿我们对古人能够多一份爱戴，而少一份抄袭。古希腊民族之所以伟大，据说就是因为他们不因循守旧，对古人的东西决不照搬照抄。

茶室之所以被称为“空之屋”，除了传达无所不包的道家学说外，同时也表达了在室内装饰方面一种变易的理念。除了为满足某种审美情绪而进行的某种装点之外，茶室应是绝对的“空寂”。有时候，为了茶会的需要，主人会刻意挑选和放置一些特别的艺术作品，以迎合和增强某个主题的美感，而茶室里的其他一切也被精心挑选，并妥当安置。就如同一个人不可能同时聆听两支不同的曲子一样，对美真正的领悟，也只有在专注于某个中心主题时才会成为可能。西方的室内装饰繁复得如同博物馆的陈列室一样，而我们日本的茶室装饰原则恰恰与之相反。对于习惯于简练而多变装饰风格的日本人来说，西方的内部装饰总是永恒不变地充斥着琳琅满目的绘画、雕像和古董，给人一种炫耀财富的庸俗印象。欣赏一件艺术品，哪怕是大师的杰作，也需要我们投入丰富的鉴赏力。由此看来，欧美人的艺术欣赏力想必是无穷无尽，用之不竭。要不然，怎么能日复一日居于形形色色的艺术品之间而不受纷扰？

所谓“不对称之屋”，暗示了我们的装饰美学体系的另一个阶段，即日本艺术品对称性的缺失。对此，西方评论家经常谈及。这种审美情趣大概源自于道家思想以及受其影响颇深的禅宗理念。深植于二元理念的儒家，以及崇尚“三世佛”[17]的北方佛教，并不反对对称性手法。事实上，倘若我们对中国古代铜器，或者中国唐代与日本奈良时代的宗教艺术品做一番对比研究，就会发现它们一贯在追求对称性。日本过去经典的室内装饰，无疑也受此影响。然而，道家与禅宗对于何谓完美的解读却各不相同。其哲学的动态特性则更强调了走向完美的过程，而不在于完美本身。人们只有对不完美的东西在精神上加以完善，才能发现和领悟真正的美。生命与艺术的勃勃生机，源自于它们向更完美发展的可能性。在茶室里，这种可能性给予了每一位客人，让他们运用想象力，去完成他们自身认同的完美图卷。在禅宗理念成为社会主流思想之后，远东地区的艺术创作，便有意识地在回避“对称性”，因为对称虽表达了完满，但也代表了重复。设计若是循规蹈矩，千篇一律，就会破坏想象的空间。因此，风景与花鸟成了人们在艺术作品中最常见的主题，而人物则退避三舍。因为人物已经存在于观者本身，无须于画中再现。即使是出于虚荣，乃至于自尊，我们也难免要在画中出现，但出现得过于频繁则会失之于单调。

在茶室中，对重复的顾虑无处不在。屋子里的各种装饰物必须精心挑选，颜色与式样皆不可重复。如果摆放了鲜花，则装饰的绘画中就不可再出现花卉；如果烹茶的水壶是圆的，那么，盛水的罐子就得有棱有角；如果茶碗的釉彩是黑色的，那么就应尽量避免挑选黑漆的茶罐。如果要在壁龛放上一只香炉，切记不可将其置于壁龛的正中，以免把空间分成相同的两块。壁龛的支柱与茶室内其他的柱子也必须使用不同的木材，以打破一致性所带来的单调。

日本在内部装饰方面也与西方不同。西方的各种室内陈设物品均对称地摆设在壁炉架上或是别的地方。当我们移步于西式的宅邸，我们目之所及常常是一些累赘的重复。更有甚者，当我们正要与主人交谈时，却发现他的全身画像正从其背后紧盯着我们。我们不禁会纳闷，究竟哪个才是真的他呢？是正在说话的这位，还是那个画中之人？我们的心里不禁冒出一种奇怪的念头：两者之中，必有一假！很多时候，我们坐在他们的餐桌前，注视着餐厅四壁琳琅满目的摆设，不知不觉之中便败了胃口。挂着的画上有我们平时追逐和戏弄的猎物，墙上还有精致的鱼和水果的雕刻品，可为什么要把他们放在这里呢？又为什么要展示这传家的餐具呢？这不是让我们想起他们曾经在此用餐的那些已逝的先辈吗？

茶室的简约和脱俗，使它成为一个远离尘嚣的世外桃源。身在其中，也只有身在其中，人们才能够投身于对美的崇拜，而不受外界打扰。在 16 世纪，无论是普通的劳动者，还是勇猛的武士，抑或是致力于日本统一和重建的政治家，都把茶室视为受人欢迎的休憩之所。到了 17 世纪，由于德川幕府颁布了严格的法度和社会规范，茶室成了唯一能为人们提供艺术精神自由交流的场所。在茶室里，在伟大的艺术杰作面前，大名、武士或者庶民百姓皆被一视同仁[18]。现如今，工业化生产使得真正的优雅日渐式微，整个世界都难以寻觅它的踪迹。难道我们不是比从前任何时候更加需要茶室吗？

注释：

[1] 作者原注：拉尔夫·N. 克拉姆，《对日本建筑及相关艺术的印象》，贝克与泰勒出版公司，纽约，1905 年。

[2] 在日语里，“空屋”“数奇屋”和“数寄屋”发音相同，都是 sukiya，这三个词语的汉字形义相近又相互区别，体现了不同茶师对茶室的不同考虑。

[3] 千宗易（1522～1592），即后来的千利休，日本安土桃山时期的著名茶道大师，日本茶道的集大成者。师从武野绍鸥，完成“侘茶”之仪式。得到织田信长和丰臣秀吉的极大恩宠，但因触怒秀吉而被赐自杀。

[4] 丰臣秀吉（1536～1598），日本战国时期和安土桃山时期的武将。统一了日本，结束了日本的战国时代，对推动日本茶道的发展做

出极其重要的贡献。太阁为官名，即太政大臣。

[5] 武野绍鸥（1502～1555），室町后期（16世纪）的茶道大师，千利休的师傅。本书误作“15世纪”。

[6] 美惠三女神（the Graces），又叫格蕾丝或三位姐妹女神，在古希腊神话故事中为阿格拉伊亚（灿烂）、欧佛洛绪涅（欢乐）和塔利亚（花朵），赐给人魅力与美丽。缪斯女神（the Muses），又名第六感女神。在希腊神话中，缪斯女神是九位掌管诗词、歌曲、舞蹈、历史等女神的统称。

[7] 法隆寺，又称斑鸠寺，位于奈良的圣德宗总寺院，南都（奈良）七大寺之一。据传是由圣德太子于公元607年建造。其后遭火灾烧毁，重建后保存至今。其金堂和五重塔是世界上最古老的木造建筑之一。

[8] 药师寺，位于日本奈良市西京，又称西京寺。它建于公元680年，为日本法相宗大本山之一。南都（奈良）七大寺之一。

[9] 宇治平等院阿弥陀堂的别称。公元1053年修建。堂内安置了阿弥陀如来坐像，装饰也极尽奢华。其建筑和佛像等被列入世界文化遗产名录。除凤凰堂建筑本身外，阿弥陀如来坐像、木造云中供养菩萨像五十二座、木造宝盖和凤凰一对、梵钟和壁画都是国宝。其中以圆形和四角形组合而成的珍贵而豪华的宝盖，由螺钿和透雕装饰。螺钿，一种传统的手工艺品。以螺蛳壳或贝壳制成人物、鸟兽、花草等形象镶嵌在漆器或雕镂器物的表面，做成有天然彩色光泽的花纹、图形。另外，其成立于11世纪（即公元1053年），文中所说的“10世纪”有误。

[10] 日光城位于日本栃木县西部女峰山麓，是栃木县日光市的神社

和寺院的总称。它包括东照宫、二荒山神社和山轮王寺，是世界文化遗产，以装饰风格华丽著称。

[11] 二条城，是位于京都中京区二条城町的江户时代的古城。是由小崛远洲指导设计建造的是幕府将军在京都的行辕，也是德川幕府的权力象征。本丸御殿和二丸御殿为二条城的主要建筑。其中，二丸御殿的 22 座建筑物及殿中共计 954 幅壁画是日本重要文化遗产。

[12]《维摩诘经》又称为《维摩诘所说经》，或简称《维摩》，旧译《净名》，新译无垢称，则为意译。根据《维摩诘经》记载，维摩居士自妙喜国土化生于娑婆世界，示现在家居士相，辅佐佛陀教化，为法身大士。《维摩诘经》，就是记载维摩诘居士所说的不可思议解脱法门的经典。本经由三国时吴支谦译出后，即在我国盛行，历代以来多达七种汉译本，目前以鸠摩罗什所译的版本最为流畅，评价最高，流通也最广。

[13] 这是藤原定家所作的和歌，出自《新古今和歌集》。

[14] 小堀远州（1579～1647)，远州派茶道的创始人，江户时代初期的代表性茶师之一。他原是一名武将，早年曾追随古田织部学习茶道，侍奉丰臣秀吉和德川家康，亦是德川幕府第三代将军德川家光的御用茶师。在和歌、插花、建筑、庭园建造以及茶具的选择和鉴定上造诣很深。

[15] 该和歌收录于《茶话指月集》。

[16] 天照大神（《日本书纪》或称天照大御神（《古事记》)、天照皇大神、日神，是日本神话中高天原的统治者。

[17] 此处原文 trinity，主要是指佛寺大殿中所供奉的三尊佛像。通

常可能是西方三圣（阿弥陀佛、观音菩萨及大势至菩萨）、释迦三圣（释迦牟尼佛、文殊菩萨及普贤菩萨）、横三世佛（东方净琉璃世界的药师佛、娑婆世界的释迦牟尼佛、西方极乐世界的阿弥陀佛）或纵三世佛（过去佛燃灯佛、现在佛释迦牟尼佛、未来佛弥勒佛）。

[18] 德川幕府时期实行严格的等级制度，全体居民都被分为四个阶层：武士、农民、手工业者和商人。武士阶层中，位于最顶端的是将军本身，其下为控制着大量土地的大名，大名手下是他们自己聚集的武士。町人，是商人与手工业者的统称。

第五章　艺术鉴赏

那么，如何让观赏者明白作者的意图呢？无论是东方还是西方，那些伟大的艺术家们，绝不会忘记在他们的作品中运用暗示的手法。伟大的作品，总是引领我们去领略那思维之海的浩渺远景。凝视这样的作品，谁都会油然产生一种敬畏之情。

你可听过“伯牙驯琴”这个隐含道家思想的传说吗？

在远古时代，龙门峡谷之中耸立着一棵梧桐神木。此木乃林之树王。它的树顶高耸入云，可与天上的群星交谈；它的树根深扎地底，与卧于此处的银龙相邻，树之青根与龙之白髯盘根错节，交结在一起。后有一位奇能术士，以此树制作了一把奇妙的古琴，然其桀骜不驯的灵魂若非当世最伟大的琴师，无人可以驾驭。长久以来，中国皇帝将此琴视如珍宝。琴师们一个个自告奋勇，试图从它的弦上引出美妙的乐章，可一切努力都是枉费心机，徒劳而无益。无论他们如何努力，古琴只是发出了沙哑之音，根本不屑与他们所唱之曲协调应和。这把不愿为凡夫俗子所御的神器，只能继续藏于皇宫深院。

元代·伯牙鼓琴图

终于有一天，鼓琴圣手伯牙来到了古琴面前，伸出巧手轻抚琴身，轻柔地触动琴弦，一如骑士安抚脱缰之野马。他开始吟咏自然四季，吟唱高山流水，终于唤醒了神木所有的记忆！春天甜美的气息又再度在枝叶间流连；溪流重新又汇集成瀑布，沿着峡谷飞流直下，对蓓蕾初生的花朵展开笑靥……转眼间，夏虫齐鸣，雨声沥沥，杜鹃悲啼，好一派梦幻般的万籁之音……听！远处传来虎啸龙吟，山谷回应。秋意渐浓，长夜凄凉，衰草凝霜，皓月当空，如剑之寒光……最后，寒冬君临大地，雪花纷飞的天空，有雁阵盘旋；冰雹乒乓击枝，其声清悦。

随后，伯牙曲调一变，唱起了情歌。山林随之起舞，恰似热切的情郎迷失于他的思恋之人。在山林的上空，一片明亮美丽的云朵，宛如骄矜的少女拂掠而过，而后消逝不见；唯见地上长长的阴影，幽暗直如已死之心。忽然间，伯牙曲调又变，唱起了战歌，如见那刀光剑影，如闻其马蹄阵阵。一场风暴从琴弦流出，席卷了龙门峡谷，银龙腾云驾雾，穿梭于雷电之间。听闻此曲，皇帝龙颜大悦，忙问伯牙驯琴的秘诀。伯牙答道："陛下，其他琴师急于唱出自己的心声，自然难以奏效，而我却由古琴自己选取想弹的曲调。事实上，究竟是琴成了伯牙，抑或是伯牙成了琴，恐怕连我自己也分辨不清了[1]。"

这个故事娓娓道出了艺术鉴赏的奥秘所在。一切艺术杰作都是我们内心最微妙情感演奏出的交响乐章。真正的艺术是伯牙，而我们则是那个龙门古琴。在美的神奇的触动之下，我们那深藏于内心的琴弦被唤醒了，它颤动着，战栗着，并激情澎湃地回应着美的召唤。常言道，心有灵犀一点通。大音希声，大象无形。即使无声无形，我们也能听得到，看得清。大师们唤起我们心里未曾知晓的音符，尘封已久的记忆重又回到了我们眼前，并赋予了它新的意义。那些被恐惧压抑的期待，那些因害怕而不敢正视的渴望，又在我们心中升起，重又闪耀着光芒。我们的心灵，就像是一块画布，艺术家们在上面挥毫泼墨，他们的颜料调制出我们情绪的变化，他们的明暗与光影诉说着我们的快乐和悲伤。此时此刻，那杰作便是我们自己，我们便是那杰作。

宋徽宗·赵佶《听琴图》

在艺术欣赏中，灵犀相通的交流必须基于相互礼让的态度。观赏者必须培养出一种接受信息的正确心态，而艺术家则必须知道如何将自己作品中的信息传递出来。身为大名的茶道大师小堀远州，曾给我们留下了一句隽永的名言："临画如临君。"要想理解一件杰作，我们必须以谦卑之怀立于作品面前，凝神屏气，等待它自己来表达，哪怕是只言片语。宋代有位著名的评论家，曾经作过一番饶有趣味的自白："年少时，我因喜爱其作品而称颂这位大师。而随着艺术鉴赏力的提高，我开始赞赏自己，因为我知道大师于何处妙笔生花。"然而，令人悲哀的是，我们之中又能有几人真正愿意苦心孤诣去品读大师们的创作情愫？也许是出于自身根深蒂固的无知，我们不愿意向大师们表达这种极为普通的尊重，于是也常常错失原本展现在我们面前那美的盛宴。大师们总会有美味佳肴款待我们，可我们自己却因缺乏鉴赏力而无福享用，只能让自己饥肠辘辘。

对于那些能对作品感同身受的欣赏者来说，一件伟大的杰作可以变成活生生的现实。它能让你感受到自己身临其境，让你与大师之间产生一种亲密的友情。艺术大师是不朽的，他们的爱和恐惧会一次又一次地活在我们的心中。换而言之，真正打动我们的，是大师的灵魂，而非其双手；是人性的光辉，而并非技巧的运用——艺术的呼唤越是充满了人性，我们的回应也就越发强烈。正因为我们与大师之间的这种心灵的默契，我们才会与诗歌和小说中的男女主人公休戚与共，与他们一起喜怒哀乐。堪称“日本莎士比亚”的剧作家近松[2]，定下了剧本写作的首要原则，其中的一条就是让观众如作者一样了解剧情。有一次，他的几个学生交上了自己的剧本，希望得到老师的首肯，但只有一部作品打动了他。这是一部类似于莎士比亚《错中错》（*The Comedy of Errors*）的剧本——讲的是一对双胞胎兄弟因被错认而受尽苦难的故事。对此，近松评论道，“这才是一个剧本应有的精神，因为他的心中考虑到了观众。台下的观众应该比台上的演员知道得更多。他们明白究竟是哪里出了错，这样才会为台上的那些不知情地走向自己悲惨命运的角色扼腕叹息。”

宋徽宗·赵佶摹本《捣练图》(局部)

那么，如何让观赏者明白作者的意图呢？无论是东方还是西方，那些伟大的艺术家们，绝不会忘记在他们的作品中运用暗示的手法。伟大的作品，总是引领我们去领略那思维之海的浩渺远景。凝视这样的作品，谁都会油然产生一种敬畏之情。大师们的作品是如此亲切，让人感同身受。相比之下，现代那些毫无新意的平庸之作，又显得多么的冷漠。在大师的艺术作品中，我们能感受到从人的内心深处涌出的那一股股暖流；而在平庸的作品中，我们只能感受到一种形式上的敬意。现代的艺术家们，往往过分地执着于技巧的发挥，所以无法超越自我，创造出那种充满灵性的作品。那些本来能够唤醒龙门琴韵的琴师们，他们只知道歌唱自我。他们的作品也许更接近科学，却与人文情怀相去甚远。日本有一句古老的谚语，女人切不可爱上那种自命不凡的男人，因为他的心中除了自己，根本没有一丝缝隙容得下爱情。在艺术上，虚荣同样也是致命的弱点。无论对艺术家还是对观众而言，它总是扼杀对创作作品或观赏作品角色的感同身受。

没有什么比艺术上的灵犀相通更为神圣。在心灵交汇的一刹那间，艺术欣赏者便超越了自我。他时而存在，时而又隐于无形之中。他瞥见“永恒”，但言语无法道出他内心的喜悦，因为眼睛不会说话。不过，他的灵魂已经从物质世界的桎梏中解脱了出来，并随着万物的节奏一起律动。正因为如此，艺术才变得近乎于宗教，使人类变得更为高贵而纯洁；也正是这种灵犀相通，使得杰出的艺术作品变成了神圣之物。古时候，日本人对伟大艺术家的作品都极为尊崇。茶道大师们将其珍藏的艺术品，像对待宗教圣物一样虔诚地保护起来，常常非得要打开那一个又一个层层相套的盒子，才能见到丝帛轻柔包裹之下，那圣之又圣的宝物。这样的宝物通常是不会轻易示之于人的，唯有入室弟子才有幸一睹其真容。

元代·黄公望《富春山居图》（剩山图残卷）（现藏于浙江省博物馆）

在茶道的全盛时期，太阁丰臣秀吉手下的将领们在凯旋归来时，宁愿舍弃广袤领地的封赏，也要选择那些稀有的艺术珍品作为对他们凯旋的奖励。我们许多脍炙人口的戏剧，更是将某位大师名作的失而复得作为剧情演绎的主线。譬如有一部戏剧就这样写道：在大名细川氏（Lord Hosokawa）的府邸，珍藏着一幅雪村周继的名画《达摩》。有一天，因负责守卫的武士一时疏忽，大名居所突然起火。这位武士下定了决心，不顾一切危险抢救这幅珍贵的名画。于是，他冲进了熊熊燃烧着的房屋，赶紧将那幅挂在墙上的画轴卷好，却发现所有的出路都已被大火阻断。此时此刻，他的心头只想着这幅大师的名画。于是，他拔剑在自己的身上剖开了一道长长的口子，然后撕下衣袖将画轴裹好，塞进了裂开的伤口中……后来，大火终于被扑灭了。在烟雾弥漫的余烬中，躺着那位武士残存的尸体，然而尸体里的那幅名画，却未被大火损伤一丝一毫。这个听起来有点毛骨悚然的故事，除了体现这位忠勇武士大无畏的献身精神外，也反映出我们日本民族对于艺术杰作的珍视已经到了何种地步。

但我们必须谨记，艺术价值的呈现也有其局限性，有些价值一时还没有给我们完全表达出来。倘若我们理解艺术的能力超越了各种局限，那么，艺术便会成为一种人人都懂的通用语言。不过，由于天资有限，并受传统和习俗势力的影响，还有我们沿袭传统的本能，都限制了我们艺术欣赏能力的进一步拓展。从某种意义上来说，恰恰是我们的个性限制了我们对艺术的理解和领悟，而我们的审美人格又总是倾向于从以往的艺术创作中寻找自己喜欢的作品。诚然，我们的艺术鉴赏能力，在经过一定的培养之后，

日本画圣雪舟等杨《秋冬山水图》(现藏于东京国立博物馆)

可以得到一定的拓展与提升，而且我们还能欣赏到很多至今尚未被人们认识的美的表现手法，但我们在万象世界之中所看到的，毕竟只是自身的映象。因为我们每个人感受事物的方式总会受到自己个性的支配。茶道大师在收藏艺术品的时候，也在严格地遵循着自己的个人欣赏标准。

这一点让我们想起了小堀远州的故事。有一次，远州的弟子们夸赞他，说师父在艺术收藏方面品位高雅。“每件藏品都让人赞不绝口，爱不释手。看来，师父您的品位比利休更高一筹啊。因为能够欣赏他的藏品的，一千个人中才有一人!”听了这话，远州伤感地答道：“这只不过证明了我的平庸罢了！伟大的利休，能独爱那些只有自己喜爱的作品，而我却不知不觉地迎合了大众的品味。说实话，利休才是那千里挑一的茶道大师!”

当今世界，人们对艺术抱有极大的热情。但在这份热情之中，有很多并无真实的情感基础。这一点着实令人扼腕不已。在我们这个事事都讲究民主的时代，人们竞相追捧那些大众认为最好的作品，却将自己的内心感受抛置于九霄云外。他们所追求的只是价格的昂贵，而不是制作的精致；他们选择的是大众时髦，而不是品味高雅。对于大众来说，他们假装欣赏文艺复兴时期或者足利时代[3]的艺术大家之作，却津津乐道于那些工业生产线上出产的“高级商品”——那些附有插图的花花绿绿的期刊，因为这是更容易消化的艺术杂粮。对于他们而言，艺术家的名字比作品本身的水平更为重要。如同几个世纪以前的一位中国评论家所说："世人皆以耳评画。"正是这种真正鉴赏力的匮乏，使得伪经典盛行于世，造成了今日遍地的庸俗之作，让人触目惊心。

将艺术与考古学混为一谈，则是人们在艺术欣赏中常犯的另一个错误。尊崇古物是人类性格中最优秀的特质之一，我们应当将其发扬光大。毫无疑问，那些古代的大师们也应理所应当得到人们的尊崇，因为他们打开了通往未来的启蒙之路。他们历经了几个世纪无数人的评判，仍能完整地留存下来，而且光彩依旧。仅凭这一点，就足以赢得我们的尊敬。不过，倘若我们仅凭作品年份的远近来评判大师们的艺术成就，那就着实有一点愚蠢。事实上，我们常常放任自己的历史情感凌驾于审美判断之上。艺术家只要寿终正寝，我们就会献上赞美的语言。在整个 19 世纪，进化论的观点主宰了整个世界，而且在我们中间造成了一定的影响，使我们失去了对每个物种个体的关注。收藏家们忙于收集某个年代或艺术流派的代表作，却忘记了一个基本道理：庸俗之作不管其收藏的数量有多少，也比不上真正艺术大师的一件杰作给我们的启示多。我们常常在分类研究上付出得太多，却在艺术欣赏上关注得太少。为了所谓科学的展示方法而牺牲艺术的美感，已经为许多美术馆埋下了致命的祸根。

日本著名画家雪村周继《松鹰图》

对于人生中的一切重大规划，当代艺术家的主张都不容忽视。当今的艺术，才是真正属于我们自己的艺术——它是我们自身的倒影。诋毁它，就是在诋毁我们自己。我们常说，这个时代不存在艺术，可谁又该对此承担责任呢？我们对古人的作品常常顶礼膜拜，推崇备至，却对当代艺术的潜力毫不在意，甚至无动于衷，实在是令人羞愧。那些还在苦苦奋斗的艺术家们，他们疲惫的灵魂一直在世人的冷漠和鄙视的阴影中苟延残喘。在这个以自我为中心的时代，我们又给予过他们什么样的灵感？过去带着同情审视我们文明的贫乏；而未来将会嘲笑我们艺术的荒芜。我们正在一步步地摧毁艺术，也在一步步地摧毁生活中的美。但愿，我们之中再能出现一位奇能术士，以社会为枝干，造出一把硕大无比的古琴，让这琴在天才的触抚下，奏出曼妙的乐章。

注释：

[1] 伯牙（前413～354），春秋战国时期晋国的上大夫，原籍是楚国郢都（今湖北荆州），为当时著名的琴师，善弹七弦琴，技艺高超，被人尊为“琴仙”。历代文献关于伯牙的记载颇多，最早见

于《荀子·劝学篇》："昔者瓠巴鼓瑟，而沉鱼出听；伯牙鼓琴，而六马仰秣。"《吕氏春秋·本味篇》记有伯牙鼓琴遇知音，钟子期领会琴曲志在高山流水的故事。《琴操》记载：伯牙学琴三年不成，他的老师成连把他带到东海蓬莱山去听海水澎湃、群鸟悲鸣之音。于是，他有感而作《水仙操》。现在的琴曲《高山》《流水》和《水仙操》都是传说中伯牙的作品。伯牙驯琴的典故不知其出处，疑为作者杜撰。

[2] 近松门左卫门（1653～1724），原名杉森信盛，别号巢林子。日本江户时代杰出的戏剧家。出身于没落的武士家庭，年轻时做过公卿的侍臣。他共创作净琉璃剧本 110 余部、歌舞伎剧本 28 部，成为日本文学的宝贵遗产。

[3] 足利时代（1333～1573），一般又称室町时期。这一时期的文化气象日新月异，在传统公家文化的基础上，武家文化独树一帜。此外，农民与町众地位日益上升，由此催生出丰富多彩的庶民文化。这个时期，文学、艺术、建筑、宗教等各派文化蓬勃兴起，出现了诸多绘画大师。花道、茶道、枯山水、寺院建筑等都在这一阶段得到了长足发展，为今日所见的日式风格奠定了基调。

第六章 花艺

凡是深谙我们茶师与花艺师行事风格的人，一定都会注意到他们对待花草那犹如宗教信仰般的崇敬。他们并不会随意摘取，而是按照了然于心的艺术构思，先用眼睛审视一番，然后再细心地从每一个枝头上进行挑选。倘若多剪了不必要的一枝，他们便会深深地感到内疚。

池坊流是日本最为古老的插花流派，
至今已有五百多年的历史

春日拂晓，晨光微露，鸟儿在林间窃窃私语。你不觉得，它们是在向身边的伴侣诉说着花的故事吗？人类对花的欣赏与表达爱的诗篇，两者之间想必是相依相存，相得益彰。不知不觉中绽放甜蜜，恬静沉默里散发着芳香。除却花儿，我不知道还有什么能够让你想到少女情窦初开的羞涩柔情？当原始时代的人第一次向爱慕的少女献上花环，他便超越了野蛮状态，超越了自然界那些原始的基本需求，而变成了真正的人类。当领悟了这无用之物的微妙用处，他便进入了一个艺术的王国。

在悲欢交替的人生中，花儿始终是人类的朋友。我们与花儿同斟共饮，同歌共舞，嬉戏赏玩。婚礼和洗礼需要用到它们，丧礼和哀悼更是少不了它们。祈祷时，我们有百合相伴；冥想时，我们有莲花相随；就连冲锋陷阵，也要戴着蔷薇与菊花。我们甚至试图用花的语言来诉说自己的心迹。没有了它们，我们该如何生活？想象一个没有花的世界，便让人心生恐怖。病榻之前，它们给病人带来了多少安慰；在疲惫的灵魂深处，它们又带来了一线幸福之光；它们的静谧与温柔让我们恢复了对世界渐渐失去的信心，如同凝望美丽纯洁的孩童那专注的目光，重新唤回人们那已经失去的希冀。而有朝一日，当我们魂归尘土之后，是它们在我们的坟前哀悼徘徊，久久不舍离去。

日本茶室里的盆景

可悲的是，尽管我们日日与花儿相伴，却依然没有摆脱那种兽性。这一事实，我们无法掩盖。一旦撕开身披的羊皮，藏匿于内心深处的狼性马上就会暴露无遗。有道是，男人十岁野性大，男人二十多疯癫，男人三十常失败，男人四十爱撞骗，男人五十成罪犯。也许，正是由于一直未曾泯灭的兽性，才使他最终成为罪犯。对于人类而言，没有什么比饥渴更为真实，比欲望更为神圣。各种神殿在世人面前一座座崩塌，唯有一座能够永远屹立不倒，让人在其中烧香祭拜那至高无上的偶像——那就是人类自身。这唯一的真神是何其伟大，而金钱乃是它在这个世界上的先知！为了向它献祭，我们泯灭了本性；我们夸耀说，我们征服了物质世界，殊不知，正是物质世界奴役了我们。何种恶行我们不曾为之，竟还打着文明与高尚的旗号？

请告诉我，温柔的花儿，群星的泪珠，当你伫立于园中，向歌唱着阳光雨露的蜜蜂点头致意时，你可曾意识到厄运正在悄悄地等待着你？今朝还在夏日的微风中梦想，摇曳，嬉戏，而明日却有一只无情之手将你扼喉采撷。你将被折断，掰开，然后支离破碎，离开恬静的家园。那位过路的将你残害的恶魔，说不定自己也有着花容月貌。她也许会说，啊，你是多么的美丽，而手上却沾满了你的血滴。请告诉我，这是否便是恩慈？也许，这就是你的命运，或是囚禁于某位无情女子的鬓发，或是被插入某位羞怯的佳人胸衣上的襟扣。倘若你是一位男人，她甚至不敢正视你一眼。或许，你的命运就是被禁锢于某个狭小的花瓶，只能靠吸取可怜巴巴的死水，来抚慰那昭示生命即将衰竭的强烈干渴。

美丽的花儿，倘若你不幸长在天皇的土地上，说不定哪一天你会遇上一个可怕的人物。他，剪刀、小锯，装备齐全。他管自己叫“花艺大师”，声称享有医生的权利。见到他，你会本能地痛恨他——因为你知道，医生总是想方设法拖延患者遭受病痛的时间。他会把你剪断，拧弯，扭绕成那些原本不可能的姿势，还振振有词地认为，你本来就该如此。他就像那整骨理疗师一样扭曲你的肌肉，让你的骨骼错位变形。他用烧红的木炭帮你止血，插入铁丝以助你体液循环。他给你喂饮盐、醋与明矾，有时候甚至还加了硫酸盐。当你被折磨得快要昏厥之时，他会用滚烫的水浇在你脚上。他还夸口说，因为他的治疗，你又能苟延残喘多活几个星期了。唉，当初落入他们之手，你为何不一死了之呢？你上辈子究竟是犯下了什么样的滔天大罪，才在因果轮回中遭受这般惩罚？

日本茶室盆景

比起东方花艺师对待花卉的方式，西方社会更是在肆意践踏花儿，他们滥用花儿的方式更是骇人听闻。在欧洲与美洲，每天被采来装饰舞会和宴会，随后就被丢弃的花儿不计其数。如果把这些花儿串在一起，应该可以给整个欧洲大陆戴上一个硕大无比的花环。比起这种对待生命的全然漠视，花艺师的罪过似乎倒有些微不足道了。至少，花艺师懂得尊重自然的节制，极为谨慎地选择牺牲品，并对它们的残骸表达由衷的敬意。在西方，花卉展示似乎只是一种华美丰盛的炫富表演——一场稍纵即逝的缤纷梦幻。盛宴结束之后，这些花儿的归宿如何呢？看见这些枯萎的花儿被无情地抛置于粪土之上，没什么比这暴殄天物更让人痛心疾首的了。

宋代·汝窑花插

为何花儿生得红颜，却又如此命薄？飞虫虽小，尚能叮咬一口；最温驯的动物被逼入绝境，也会拼死一搏。因身上漂亮的羽毛可做帽饰之用而被人类觊觎的飞禽，犹能逃离捕猎者的魔爪；那些皮毛令人垂涎得欲据为己有的走兽，也会在猎人接近时隐匿了踪迹。唉，我们知道，世上唯一会飞的花儿就只有蝴蝶，其他的花儿在破坏者面前，只能孤立无援地待在那儿，任人宰割。即使它们在临终之前痛苦地哀鸣，麻木不仁的我们也听不到它们的哭声。它们默默地爱着我们，并把美丽默默地奉献给我们，我们竟会如此的残忍。总有一天，我们会为自己的残忍付出昂贵的代价，这些人类最美好的朋友将会纷纷离我们而去。难道你没有注意到，昔日遍地的野花一年比一年稀少？想必是野花中的智者告诉它们，暂时离去吧，直到人类变得更有人性的那一天。也许，它们已经移居天国，进入了一个极乐世界。

对于那些种植花草的人，我们总是有不少溢美之词。比起持剪采花之人，那些摆弄花盆水壶的人自然多了一份仁爱之心。他对阳光雨露的关注，他与病虫侵害的争斗，他对严寒霜降的忧虑，我们有目共睹，记忆在心。芽苞长势缓慢时，他会暗中忧虑；叶片绽放异彩时，他会欣喜若狂。在东方，花卉栽培技术由来已久。诗人们最钟爱的花草以及对它们的钟爱之情，常常被记载于故事与诗词之中，然后世代相传。随着唐宋两代制瓷技术的发展，人们制造出各种盛放花草的精美容器——这些容器不仅仅是花盆瓦罐，它们简直就是那镶嵌宝石、供花居住的宫殿。每一盆花草都有专人随侍在旁，并用兔毫制成的细软的毛刷为其擦拭每一片叶子。有文献记载：若是牡丹，必须由貌美盛装的侍女为其洗浴；若是蜡梅，则应由苍白消瘦的僧人为其浇灌[1]。在日本足利时代，一部名为《钵木》[2]的著名能剧[3]，讲述了一位穷困潦倒的武士将自己珍爱的盆栽砍作柴火，在寒冷的冬夜为一个路过的云游僧人生火取暖的故事。实际上，这位云游僧人不是别人，正是微服私访的北条时赖。他的传奇故事有点像《天方夜谭》中的哈伦·拉西德[4]。武士的牺牲最终得到了应有的回报。时至今日，这个剧目依旧能够赚取无数东京观众的热泪。

明代·仿钧玫瑰紫釉盘

在古代，人们对娇弱的花朵怜爱有加，呵护备至。中国唐代的玄宗皇帝，把小小的金铃挂在御花园的枝丫上，用以驱赶飞来的野鸟。春日里，这位皇帝还会亲自率领宫廷乐师，以丝竹管弦之曼妙乐曲取悦于满园的花草。相传，有日本亚瑟王[5]之称的英雄源义经[6]，曾经书写过一块传奇的木碑——这块木碑至今还珍藏在日本的一座寺庙中[7]。这是一块通告牌，特别用来保护一棵奇美的梅树。其特别之处就在于，它具有日本尚武时代那种冷酷的幽默。碑文先是描述了梅花之美，然后写道："断此树一枝之人，当断其一指。"我想，我们今天不妨也沿用一下这一类律法，将那些肆意"摧花折枝"或糟践艺术之徒绳之以法，严惩不贷！

即便花儿有幸成为盆栽植物，我们也会不由得怀疑人类的自私自利。为何要将那些花儿带出它们的家园，还要求它们在另一个陌生的环境中绽放出美丽？这与把鸟儿囚禁于笼子里，让它们歌唱与繁衍简直是如出一辙。说不定，你那温室里的兰花，早就因里面的人工暖气窒息得要死，却只能无望地渴求能够再看一眼它们南方故园的天空，谁知道呢？

清雍正款·仿钧窑变釉海棠式花盆

真正的爱花之人，是那些去花的故园探访它们的人。像东晋的陶渊明[8]，坐在残破的竹篱前与野菊悠然对谈；抑或像北宋的林和靖先生[9]，徜徉于黄昏时的西湖梅树之间，在暗香浮动中自我陶醉；而北宋的周茂叔[10]，则在夜晚眠于船上，让自己的梦与莲花的梦穿梭交织，融为一体。基于相似的爱花精神，日本奈良时期最著名的统治者之一光明皇后[11]曾经这样唱道：“摘汝者我乎，受辱者汝身，嗟哉花者，且立丛间，三世之佛，爱汝之生。[12]”

不过，我们也无须过于伤感，“为赋新诗强说愁”。我们所需要的，只不过是少一点物质的奢华，多一点精神上的高贵。老子曰：“天地不仁[13]。”弘法大师有言：“生生生生暗生始，死死死死冥死终[14]。”意思是，“流啊流啊，不停地流，生命之河，未曾停留。呜呼哀哉，往生极乐，众生平等，无有不死。”无论我们如何躲藏，毁灭总是伴随着我们，上下前后，无所不在。唯有变化才是永恒的基调——为什么我们不能像迎接新生一样去拥抱死亡呢？死亡与新生相伴相随，犹如梵天的白昼与黑夜[15]。旧的老而离去，新的才会创造再生。我们崇拜“死神”——那个拥有诸多尊号的无情而悲悯的观音。拜火教徒[16]在火堆中所伏身跪拜的，乃是那诸界吞噬者迪门修斯的阴影。即便是现在，日本神道教所俯首崇拜的，仍是那剑魂中冷冰冰的纯粹主义。那神秘之火吞食的，是我们凡人的软弱；而那神圣的宝剑劈开的，则是欲望的枷锁。从我们肉身的灰烬之中，凤凰涅槃重生，而我们从生死自由之中获得了对人性更高的领悟。

倘若我们真能借此演化出新的形式，使得整个世界的精神境界更为高尚，那么，纵然是摧花折枝又有何妨？我们只是邀请它们加入我们的行列，一起为美而献身。我们将自己奉献给“纯净”与“简约”，以弥补我们的所作所为。在花道创建之初，茶道大师们便做出了如此思考。

日本当代花艺作品

凡是深谙我们茶师与花艺师行事风格的人，一定都会注意到他们对待花草那犹如宗教信仰般的崇敬。他们并不会随意摘取，而是按照了然于心的艺术构思，先用眼睛审视一番，然后再细心地从每一个枝头上进行挑选。倘若多剪了不必要的一枝，他们便会深深地感到内疚。在此，需要说明的是，如果有叶子，他们总是让它枝叶相连，以便完整地呈现植物生命的美感。在这一点上，跟其他许多艺术一样，东方的花艺与西方所追求的方式就截然不同。在西方，人们所看到的花瓶中胡乱插着的，是一枝枝孤零零的花茎，就像是一个个没有躯干的头颅。

当茶师按照自己的心意完成他的插花创作之后，便会将它摆放于茶室的壁龛——日本房间里的尊贵之处。在花艺的旁边就不再摆设其他的装饰，因为那样可能会影响她的美感，甚至连绘画也不再摆设，除非是另有某种特殊的出于审美组合的需要。它就像一位加冕的皇子静候在壁龛里，客人或弟子进入茶室时必须先向它深深地鞠躬行礼，然后才向主人致意。对于某些花艺大师们的杰作，有人会将其绘制成册，然后结集出版，以便启迪和陶冶那些业余爱好者。有关插花方面的文献不胜枚举，可谓汗牛充栋。当鲜花凋零之后，茶师便会温柔地将其置于溪流之中，或将它悉心地埋于地下，有时候甚至还会为其立碑，以示纪念。

插花艺术似乎与茶道同时诞生于公元15世纪。相传，有佛门高僧出于对芸芸众生的无尽悲悯，采集了在暴风雨中散落一地的花枝，将它们置于装水的瓶子中，这便是最初的花道。据说，足利义政时代伟大的画家及鉴赏家，相阿弥[17]，是最早精于插花艺术的大师之一。茶道大师村田珠光[18]，曾是相阿弥的一位弟子。此外，师从相阿弥的还有池坊流的创始人专应[19]。池坊之于日本花艺界，相当于狩野派[20]之于日本绘画界，是相当辉煌的花艺流派。在16世纪后半叶，随着利休之后的茶会仪式的日益完善，花艺创作也取得了长足的发展。利休与那些有名的后继者们，包括织田有乐[21]、古田织部[22]、光悦[23]、小堀远州以及片桐石州[24]等人，都竞相探求花艺与茶道组合的创新形式。不过，我们应该记住，茶师们对于花的崇拜与敬仰只是一种审美的宗教情怀，并非是其信仰本身。花艺，如同茶室里的其他艺术作品一样，都必须服从于茶室的整体装饰风格。片桐石州曾经做出过规定：倘若庭院落雪，则屋内不可摆设蜡梅；过于“喧闹”的花卉，也必须严格地被排除于茶室之外。花艺原本就是为茶室设计的，如果将其从茶室里移走，那茶师的花艺也就失去了意义，因为它的线条与比例都是为了与周围环境和谐一致。

明成化·青花折枝花卉纹卧足杯

随着“花艺大师”的兴起，花艺欣赏成为一种独立的艺术门类，则是17世纪中叶的事情。如今，花艺已独立于茶道，花瓶的限制之外不再设立其他多余的规则。于是，新的插花理念与插花方法便随之应运而生，由此也产生了许多花艺原则和流派。18世纪中叶，一位日本作家曾经说，他能够数出一百多种不同的花艺流派来。一般来说，花艺有两个主要流派，即形式派和写实派。形式派是以池坊为代表，旨在营造一种古典的理想主义境界，这在绘画领域与狩野派艺术理论遥相呼应。根据现有的文字记载，池坊派早期的大师所演绎的插花作品，几乎能够与山雪[25]或常信[26]的花卉画作如出一辙。另一方面，写实派则忠实地描摹自然，只是在追求艺术上和谐统一时，才对表现形式加以适当的修饰。从写实派的作品中，我们能够体会到在观赏浮世绘[27]与四条派[28]绘画时心中所涌动的激情。

倘若还有宽裕的时间，我们可以更深入地研究一下这一时期各个花艺大师制定的艺术构成与细部处理的准则，以及它们如何凸显德川幕府时代装饰艺术的基本原则。这种探究想必会非常有趣。我们可以发现，这些原则指的是首要原则（天）、次要原则（地）和协调原则（人）。任何花艺作品倘若不能体现这些原则，便会让人觉得了无生趣，死气沉沉。此外，花艺师们还非常重视从三个不同方面展示花儿的美：即正式、半正式以及非正式。第一种，犹如身着庄重的礼服出席舞会，雍容而华贵；第二种，如同午后品茶时的一款裙装，清新而优雅；第三种，则如深闺里随意披覆的一袭薄纱，慵懒而撩人。

比起花艺大师之作，茶师的插花作品往往更容易引起我们共鸣。茶师的花艺是与环境相容相谐的艺术，因其真实地贴近于生活与自然，所以更能触动人心。相对于写实派及形式派，我们更愿意把这种艺术流派称之为自然派。茶师选好花卉之后，他的任务就算完成了，接下来便是由花儿自己去诉说它们的故事。隆冬时节，走进一间茶室，你也许会看到稀疏野樱的枝丫，配着一枝含苞待放的山茶——这是冬之将逝的回声，也是春之将至的预言。同样，倘若是在恼人的炎炎夏日去茶室品上一杯午茶，你会发现，在壁龛凉爽的幽暗处有一盆悬吊的百合，露珠从它的叶尖上轻轻地滑落，仿佛是将这人生的愚拙一笑置之。

花儿的独奏已是趣味盎然，倘若再与绘画与雕像协奏一曲，那更是让人心驰神往。片桐石州曾在一只浅浅的托盘中放置了几根水草，以表示湖泊沼泽里的植物，而在其上方的墙壁上挂了一幅相阿弥的绘画，画轴上描绘的是几只野鸭从天空中飞过。另一位茶道大师里村绍巴[29]，则将

明代·成化斗彩鸡缸杯

一首描写海边寂寥之美的诗作与形如渔夫小屋的青铜香炉，还有生长于海滩上的野花极为巧妙地组合在一起。他的一位客人后来记述了自己当时的感触：从这浑然一体的组合中，他体味到一丝渐渐淡去的秋天的气息。

花之物语可谓无穷无尽，且容我再讲述一段故事。在公元 16 世纪，牵牛花在日本尚属稀罕之物，利休却种植了整整一个庭园，并且照料得无微不至。这消息很快传到了丰臣秀吉的耳朵，他表示想去观赏一番。于是，利休便邀请了这位太阁到家中喝一杯早茶。到了约定的那一天，丰臣秀吉满怀希望地步入花园，但见所有的牵牛花已经了无踪影，原先的花地已经被整平，铺满了精巧的卵石和沙砾。见此情形，这位暴君强压着心中的怒火。当他进了茶室，映入眼帘的一幕让他顿时转怒为喜：在壁龛之上，在一件珍贵的宋代名匠制作的青铜雅器中，独自插着一枝牵牛花——这便是整个庭园中的女王。

从这些故事中，我们领会了“花祭”的全部意义。也许，花儿们自己也能理解与欣赏这其中的全部意义。它们不像人类这般怯懦。有的花儿死得绚烂多彩，死得其所——像日本的樱花，将生命交于风中，无拘无束，随风飘零。伫立在吉野或岚山的樱花前，面对着这漫天飞舞的花瓣，相信任何人都会有此感触。这一刻，它们像缀满宝石的七色彩云一样盘旋，在水晶般清澈的溪流上空飞舞，然后随着那欢快的河水漂流而下，它们似乎在说：“哦，再见了，春天！我们去了，这不是生命的终结，而是走向生命的永恒。”

注释：

[1] 出自明朝袁宏道所著的《瓶史》。袁宏道（1568～1610），明代公安县人，字中郎，号石公。原文为：“浴梅宜隐士，浴海棠宜韵致客，浴牡丹芍药宜靓妆妙女，浴榴宜艳婢，浴木樨宜清慧儿，

浴莲花宜娇媚妾，浴菊宜好古而奇者，浴蜡梅宜清瘦僧。”《瓶史》全文三千余字，共分：花目、品第、器具、择水、宜称、屏俗、花祟、洗沐、使令、好事、清赏、监戒十二节，对花材的选用、花器的选择、供养的环境以及插法、品赏等都有较为的分析与阐述，是一本不可多得的插花艺术专著。清初，《瓶史》传到日本，被译为日文刊行，形成和发展成为一个重要的插花艺术流派——宏道流。

[2] 能剧《钵木》讲述佐野原佐卫门尉常世，烧了家中珍爱的盆栽，为装扮成游僧的北条时赖取暖的故事。北条时赖（1227～1263）为日本镰仓幕府第五代执权者，曾微服私访巡游诸国以体察民情。《钵木》是根据他的传说所作的故事。

[3] 能剧是最具有代表性的日本传统艺术形式之一，主要以日本传统文学作品为脚本，在表演形式上主要由面具、服装、道具和舞蹈组成。它起源于日本古代祭祀、舞蹈和中国大陆、朝鲜半岛传播过去的伎乐、舞乐与散乐，在其形成过程中又受中国宋代大曲和元代杂剧的影响，最终形成了成熟的戏剧表演艺术。能剧从根本上讲是一种象征的舞台艺术，其独特性在于稀有的美学氛围中的仪式和暗示。

[4] 哈伦·拉西德（约 764～809）为阿拉伯阿拔斯王朝第五任哈里发，著名的盛世君王。在阿拉伯民间故事集《天方夜谭》（又译《一千零一夜》）中，有很多关于他的传奇故事。

[5] 亚瑟王（King Arthur），又称阿瑟·潘德拉贡（Arthur Pendragon），是英格兰传说中的国王，圆桌骑士团的首领，一位近乎神话般的传奇人物。传说在罗马帝国瓦解之后，他率领圆桌

骑士团统一了不列颠群岛，被后人尊称为亚瑟王。

[6] 源义经（1159～1189），平安时代武将，为日本人所爱戴的传统英雄之一，其生涯富有传奇与悲剧的色彩，在许多故事、戏剧中都有关于他的描述。

[7] 作者原注：神户近郊的须磨寺。

[8] 陶渊明（约365～427），字元亮，号五柳先生，世称靖节先生，后改名潜。东晋末期南朝宋初期诗人、散文家。东晋浔阳柴桑（今江西省九江市）人。曾做过几年小官，后辞官回家，从此隐居。田园生活是陶渊明诗的主要题材，相关作品有《饮酒》《归园田居》《桃花源记》《五柳先生传》《归去来兮辞》和《桃花源诗》等。渊明爱菊，宅边遍植菊花。“采菊东篱下，悠然见南山”为《饮酒》中的名句。

[9] 林和靖（967～1028），即林逋，字君复，和靖为宋仁宗所赐谥号。北宋诗人，四十余岁后隐居西湖，结庐孤山。林和靖终生不仕不娶，唯喜植梅养鹤，自谓“以梅为妻，以鹤为子”，人称“梅妻鹤子”。今杭州西湖孤山面对北山路一侧，仍有“放鹤亭”和“林和靖先生墓”。天心文中描写，应引自林和靖《山园小梅》中的名句“疏影横斜水清浅，暗香浮动月黄昏”。

[10] 周敦颐（1017～1073），字茂叔，号濂溪，宋营道楼田堡（今湖南道县）人，北宋著名哲学家，是学术界公认的理学开山鼻祖。周敦颐酷爱莲，曾在府署东侧挖池种莲，名为爱莲池。他的散文《爱莲说》便是一篇传颂千年的不朽佳作。

[11] 光明皇后（701～760），姓藤原氏，为圣武天皇的皇后，又名安宿媛、光明子，死后追谥天平应真仁正皇太后。她是日本书法

史上有着深远影响的书法家，也是日本书法史上第一位女性书法家。她的传世作品很多，其中，《瑜伽师地论》《般若波罗蜜小品经》《杜家立成杂书要略》以及临书王羲之《乐毅论》等尤为有名。同时，她笃信佛教，国分寺、国分尼寺在全日本的广泛建立，以及著名东大寺的营造都是在光明皇后的直接帮助下才得以顺利完成的。

[12] 该和歌应为平安时代的僧正遍昭所作。而光明皇后的和歌为："摘花为佛不为己，献于三世诸佛前。"此处疑为作者混淆。

[13] 语出《老子》第五章："天地不仁，以万物为刍狗；圣人不仁，以百姓为刍狗。天地之间，其犹橐龠乎?"意思为，天地是无所谓仁慈的，它没有仁爱，对待万事万物就像对待刍狗一样，任凭万物自生自灭。作者此处引用，表达生死乃平常事，乃自然之规律而已。

[14] 弘法大师（774~835），法名空海，密号遍照金刚，谥号弘法大师。为日本唐密第八代祖师。该句引自弘法大师所作的《秘藏宝钥》，日文原文为"生生生生暗生始，死死死死冥死终"，而根据英文原文应译为："生，生，生，生，万物生生不息；死，死，死，死，一切无有不死。"

[15] 梵天（Brahmā）为婆罗门教创造之神，与保护之神毗湿奴（Vishnu）、破坏之神湿婆（Shiva）并列为婆罗门教三大主神。

[16] 拜火教即琐罗亚斯德教（Zoroastrianism），是世界上最古老的宗教之一，大约兴起于前7~6世纪，是基督教诞生之前中东和西亚最具影响力的宗教，古波斯国的国教。琐罗亚斯德教认为，火是代表光明的善神阿胡拉·玛兹达最早创造出来的儿子，是

象征神的绝对和至善，是“正义之眼”，所以庙中都有祭台点燃神火代表光明的善神。

[17] 相阿弥（？～1525），名真相，号松雪斋、鉴岳，室町后期画家、艺术评论家、诗人、园艺家及茶道、香道及插花艺术大师，日本美术史上的杰出人物，其深受佛教禅宗影响。祖父能阿弥，父亲艺阿弥都是画家和艺术鉴赏家。

[18] 村田珠光（1423～1502），开创了独特的尊崇自然、尊崇朴素的草庵茶风，被后世称为日本茶道的“开山之祖”。他曾师从于大德寺的一休和尚，并创立了“茶禅一味”。他提出“和、敬、清、寂”思想，对茶道鼻祖千利休的影响甚大。

[19] 池坊流是日本最为古老的插花流派，大约始于15世纪中后期。池坊专应确立了插花的基本形式，是池坊流重要的代表人物，但并非文中所说是池坊的开山鼻祖。

[20] 狩野派是日本绘画史上最大的画派，流行于室町后期（15世纪）到江户末期（19世纪），其奠基者为幕府御用绘画狩野正信。狩野派将大和绘（即唐代重彩画）和汉画（宋元水墨画）结合起来，并与通俗题材相结合，从视觉效果出发，强调写实性画风。其子狩野元信更是创造出配合书院造建筑的日本障壁画形式。

[21] 织田有乐（1547～1621），安土桃山时代至江户初期的武将与茶师，是织田信长之弟。师从千利休学习茶道，利休七哲之一，开创了茶道有乐流。

[22] 古田织部（1544～1615），名重然，安土桃山时代至江户初期的武将、茶师、陶艺家及庭院造景家。利休七哲之一，开创了茶道织部流。利休逝世后，在秀吉的任命下成为茶头，登上了茶

人的最高地位。

[23] 光悦（1558～1637），即本阿弥光悦，号德友斋、大虚庵，在茶道、书画、漆艺、陶瓷工艺、刀剑鉴定等多方面都有卓越的成就。

[24] 片桐石州（1605～1673），名贞昌，是德川幕府第四代将军秀纲的茶道老师。他制定了武家茶道的规范《石州三百条》，开创了茶道石州流。

[25] 狩野山雪（1589～1651），狩野山乐的养子，又名平四郎，号蛇足轩。江户前期的著名画家。

[26] 狩野常信（1630～1713），狩野尚信长子，通称右近，号养朴、古川叟。江户时期画家，狩野派的一代宗师。

[27] 浮世绘，为一种日本的风俗画，以描绘肖像、日常生活、风景和戏剧为主题。它是日本江户时代兴起的一种独具民族特色的艺术奇葩，是典型的花街柳巷艺术，其代表画师有铃木春信、东洲斋写乐、歌川广重与葛饰北斋等。

[28] 四条派，由居住于京都四条的松村吴春（1752～1811）所创立的画派。该派在幕府末期和明治时代的京都画坛上具有举足轻重的地位。

[29] 里村绍巴（1524～1600），原姓松村，南都人，足利末年著名的连歌师，曾师从千利休学习茶道，颇得丰臣秀吉赏识。

第七章　茶师风范

唯有那些怀抱美好理想而活着的人，才会死得其所，死得优雅。千利休，这位伟大的茶师，其生命的最后时刻一如生前，仍旧保持着尽善尽美的优雅意境。他们追求的是与宇宙万物的节律和谐一致，早已将生死置之度外，时刻都准备踏入另一个未知的世界。『利休的最后茶会』，将会永远占据悲剧之美的至高点。

茶道大师・千利休
(1522～1591)

在宗教里，“未来”是身后之事；在艺术中，“现在”即是永恒。在茶道大师们看来，若想真正欣赏艺术，唯有让艺术成为生活的一部分才会有此可能。因此，他们试图在日常生活中保持那种在茶室里特有的高标准的优雅品位。无论在什么情形之下，我们都必须保持心灵的平静；谨言慎行，以免破坏整体氛围的和谐融洽；衣装的剪裁方式，颜色的选择，身体的姿态，以及走路时的样子，凡此种种无不表露出我们个人的艺术特质，切不可等闲视之。一个人，若不追求自身的完美，又有什么资格去接近美，欣赏美呢？所以，茶道大师正是秉持这样的理念，努力在这一点上超越艺术家——让自己成为艺术本身。这便是唯美主义的禅意。完美无处不在，只是需要我们用心去感知，用心去发现。正如千利休喜欢引用的那首和歌所言：

望春犹未归，

何处觅芳踪。

山涧雪融处，

且看春草萌。[1]

茶道大师对艺术所做出的贡献实在是不胜枚举。在茶室那一章，我们已经说过，他们彻底地革新了传统建筑与室内装饰的样式，建立了新的样式，甚至16世纪以后修建的宫廷与寺庙建筑都受其影响。多才多艺的小堀远州，在桂离宫[2]、名古屋城[3]、二条城，还有孤篷庵[4]，都留下了他天才的印迹。日本所有著名的庭园皆出自茶道大师之手。而我们的陶艺，若不是受到茶道大师的启发，恐怕永远也无法达到其卓绝的品质。正是茶道中茶具制造的需要，陶艺师们潜在的独创性才会被最大限度地被激发出来。凡是对日本陶器有所研究的人，对“远州七窑”[6]一定是耳熟能详。我们的许多纺织品，也常常以构思其花色的茶师命名。的确，我们几乎找不到任何艺术领域未曾留下过茶师们天才的印迹。至于他们对于绘画与漆器艺术方面的贡献，则更是无须赘言。日本绘画最重要的流派之一——琳派[7]，就是起源于茶道大师本阿弥光悦[8]。此外，他还是一位著名的漆画艺术家和陶艺家。与他的作品相比，他的孙子光甫[9]、甥孙光琳[10]和乾山[11]的佳作都显得黯然失色。整个琳派作品就是茶道精神的情感表现，这已然成了众所周知的一个常识。在琳派粗犷的笔触之中，我们似乎能够感受到大自然本身的无限生命力。

尽管茶道大师们在艺术领域有着巨大的影响力，但与其对日常生活的影响相比，仍显得有点微不足道。无论是在社交礼仪的习惯上，还是在日常的琐事安排上，我们每时每刻都体会到茶道大师的存在。我们的很多精致的菜肴以及菜肴的烹饪方法都是他们的发明。他们教会我们衣着要简朴素雅；他们指导我们用正确的态度莳花弄草；他们强调，对纯朴之爱当源自于人之本心；他们向我们展示了谦逊之美。通过茶道大师的教诲，茶已经融入人们生活的方方面面。

在这动荡而充满纷扰的人生之海，倘若我们对于修身养性的秘诀一无所知的话，必将陷入痛苦和折磨之中，纵然是强颜欢笑，假装心满意足，终究也只是徒劳而已。当我们试图在守护道德天平的道路上步履蹒跚时，却看见那远处的地平线上涌起了一片片乌云，预示着那暴风雨即将来临。只见那浩瀚的大海上，波涛滚滚向前，奔向生命的永恒，可它们依然还是那么快乐和美丽。所以，我们何不纵身跃入这滚滚波涛之中，与风浪的灵魂一道律动，或如列子那样，飘飘洒洒，御风而行？

唯有那些怀抱美好理想而活着的人，才会死得其所，死得优雅。千利休，这位伟大的茶师，其生命的最后时刻一如生前，仍旧保持着尽善尽美的优雅境界。他们追求的是与宇宙万物的节律和谐一致，早已将生死置之度外，时刻都准备踏入另一个未知的世界。“利休的最后茶会”，将会永远占据悲剧之美的至高点。

那个时候，利休与丰臣秀吉结交已久。这位一代枭雄给予了大师极高的评价。然而，伴君如伴虎。与暴君的友谊虽是一份荣耀，却也暗藏着种种凶险。利休并不是那种精于阿谀奉承之人，常常毫无顾忌地对暴戾的主公出言不逊。那是一个背叛行为盛行的年代，人们甚至连自己的至亲都不敢相信。利休的敌人利用他与丰臣秀吉之间时而产生的冷漠和嫌隙，诬陷他参与了毒害这位暴君的阴谋。他们偷偷地告诉丰臣秀吉，利休已经为他备上了一碗剧毒的茶汤。还需辩解什么呢？光是丰臣秀吉的疑心便已构成即死之罪的充分理由；还能辩解什么呢？气急败坏的暴君哪里还容你有丝毫的辩解。赐你自我了断的荣耀吧——这便是赐予罪人的唯一特殊待遇。

在预定自决的那一天，千利休将他最器重的弟子邀至此生最后的一场茶会。指定的那一刻来到了，客人们相会在门廊，心情极为沉重。当他们朝露地小径望去，树丛似乎在悲伤中颤抖，叶子随风沙沙作响，如同孤魂野鬼般低诉。而那些灰色的石灯笼，仿佛是幽冥地府门前的威武守卫。这时候，一缕奇异的熏香从茶室袅袅飘了出来。这是邀请客人进屋的召唤。客人们依次进屋落座。只见壁龛之上，悬着一幅古代僧人的书法挂轴，笔力遒劲绝妙，讲述着诸行无常的佛家至理。水壶在火炉之上沸腾吟唱，宛如对渐已远去的夏日倾吐悲声的蝉鸣。未待多时，主人便进屋依次奉茶，客人们也依次默默尽饮。最后，主人举杯喝完了自己那一碗。根据茶道礼仪，位次最高的那位客人此时要向主人请求品赏茶具。利休便将所有的器物，连同那幅挂轴，一齐摆放在了客人面前。在所有人都表达了赞赏之意后，利休将它们一一赠予在座的客人，以作留念。利休唯独留下了那只茶碗。“此物已被我这个不幸之唇玷污，不应留在世间，再为他人所用。”说着，便将它摔成了碎片。

茶道结束时，宾客们强忍住泪水，向主人诀别后黯然离去。只有一位最亲近的人留守在他的身边，见证那最后一刻的到来。利休褪去茶会时的装束，露出里面洁白无瑕的素袍。他将茶袍小心翼翼地叠好，然后将它端端正正地放于坐垫之上。最后，他温情地凝视那把致命的短剑上寒光闪烁的剑刃，用隽永的诗句留下了一首千古绝唱：

人生七十，砥砺几多。

吾这宝剑，祖佛共杀。

青锋本具，而今出鞘。

就在此时，吾命抛天！[12]

随后，利休面带着微笑，迈向了那个未知的世界。

注释：

[1] 此为日本镰仓时代的和歌歌人藤原家隆（1158～1237）所作，名为《若草》。其原文为：花をのみ待つらむ人に山里の雪間の草のはるを見せばや。

[2] 桂离宫位于日本京都西部桂川西岸，从公元1617年动工到1625年完工历时长达九年，为日式建筑的巅峰之作。其实，桂离宫并非出自小堀远州之手，而是其弟小堀正春的作品。该园林为舟游与回游相结合的池泉园林，其中还有书院和茶室，显出当时造园的综合性。桂离宫的洲浜、书院雁行布局的书院建筑群和草庵风茶亭为江户时代的经典之作。

[3] 名古屋城为德川家康于公元1612年所建。日本所谓的“城”是指领主及其武士所居之地，是其实力的显示。名古屋城是其中规模和建筑都较为出众的几座城堡之一。

[4] 孤篷庵位于日本京都大德寺，是1612年小堀远州晚年的作品，也是小堀远州的家宅所在地。孤篷庵结合了茶庭与枯山水形式，园中有二重垣、忘筌庵、洗手钵、石桥及仿近江八景，透过二重

垣远借船岗山，可见远山如孤篷，故谓之孤篷庵。

[5] 远州七窑为小堀远州最喜爱的七处名窑，一般认为包括远洲志户吕、近江膳所、丰前上野、筑前高取、山城朝日、摄津古曾部，以及大和赤肤。

[6] 琳派，亦称宗达光琳派，为日本 17 至 18 世纪的一个装饰画派，追求纯日本趣味的装饰美。琳派不仅在日本绘画史上占有重要地位，对染织、漆器、陶瓷等工艺美术方面也产生了重要影响。本阿弥光悦为该派艺术思想的奠基者，俵屋宗达为其开创者，而尾形光琳则为其集大成者。

[7] 本阿弥光悦（1558～1637），号德友斋、大虚庵，在茶道、书画、漆艺、陶瓷工艺、刀剑鉴定等多方面均有独到的成就。

[8] 本阿弥光甫（1601～1682），本阿弥光悦之孙，号空中斋，在茶道、香道、书画、陶艺方面均有建树，尤精于陶艺。

[9] 尾形光琳（1658～1716），生于京都御用和服商家庭。光琳受到绚烂的和服纹样熏陶，自小又研习狩野派水墨画和土佐画风，后受俵屋宗达装饰画的启迪，在花草画、故事画、风景画等领域皆有所发展和突破，形成一种严谨而巧妙的装饰画风，在表现自然朝气蓬勃的生命力方面有着独到的成就，为琳派之集大成者，其代表作有《红白梅图》《燕子花图》等。

[10] 尾形乾山（1663～1743）为光琳之弟，琳派画家、京都彩绘陶的著名代表人物。37 岁时，乾山在京都郊区鸣泷的家宅里开窑制陶，其彩绘作品趣味高雅，造型多是异形器物，彩绘形式也极为丰富。乾山的彩绘作品中最重要的特点是将光琳派画风展示在器物上，其中有一部分是与其兄尾形光琳合作的作品。

[11] 出自《茶话指月集》。利休绝命诗的原文为："人生七十，力囲希咄，吾这宝剣，祖佛共杀。提る我得具足の一太刀，今此时ぞ天に抛!"其大意是："人生七十，砥砺几多。吾这宝剑，祖佛共杀。青锋本具，而今出鞘。就在此时，吾命抛天!"天心在书中似乎缩略和弱化了偈语原本浓厚的禅宗思想，与日文原意有所偏差。

译后记

大概是喜欢饮茶的缘故，我对茶书一直是偏爱有加，很多年前便拜读过冈仓天心的《茶之书》，也深深地为之折服。折服的不止于文笔上的清雅隽永，更在于那无处不在的浓浓禅意和东方文化的韵味。每每读之，感触颇深，也受益匪浅。

20 世纪初，在东西方交锋中，西方人自视甚高，盛气凌人，他们无从了解神秘而底蕴厚重的东方文化，认为东方就是一片蛮夷之地，愚昧而落后。冈仓天心发现，“人性的光辉在这小小的茶杯里交融。茶道成为唯一赢得世界普遍尊重的亚洲仪式。”于是，胸怀东亚理想的他便以茶为切入点，写出了《茶之书》，向西方深入阐述东方人对于茶、茶道和禅宗道家的价值观以及意境深远的哲学思想，意欲打破西方思维中的痼疾，在西方社会引起了强烈的反响。

茶在世界的传播，不管是在中华大地，还是东洋或西洋，都遵循一个铁的定律：先是药品，可以救命；后是神品，可以通灵；再接着是妙品，可以舒心；最后才是饮品，可以解渴。而冈仓天心谈的是前三者，茶解渴的功用，并不是他关注的重点。

《茶之书》开头有一句话让人印象深刻：“从本质上而言，茶道是一种对‘不完美’的崇拜，是在我们明知不完美的人生当中，对完美的一种温柔的尝试。”这句话意味深长，耐人寻味。随后，他便由点及面，从茶道谈及东方艺术和东方的价值观，鞭辟入里，旁征博引，让我们在纵览历史发展经纬的同时认识人生，探求人生的真谛，同时也得到一次心灵的洗礼。

《茶之书》讲到了许多中国传说故事和历史人物，比如女娲补天、伯牙驯琴、老子、孔子以及茶圣陆羽等，足见他对中国古典文化的了解与尊重。此外，他对中国唐宋两朝的茶文化以及哲学思想极为推崇备至，尤其是禅道哲学。他指出，“宋人的茶道理想不同于唐人，甚至在生活观念上也与之大相径庭。他们的前辈努力将茶作为一种标签，赋予其象征意义；而宋人则尽力将其具体化，并融入生活中的点点滴滴。”

有人不禁要问，茶是中国的文化遗产，中国怎么没有日本的茶道？答案很复杂，但也很简单。在冈仓天心看来，“蒙古大军的铁骑将中国本土的宋人文化几乎摧毁殆尽，而日本成功地阻止了蒙古大军的入侵，使之能在日本的土地上继续发展下去。”在那个年代，强烈的危机感迫使他勇敢地站了出来，为宣传东方的价值观奔走呼号，充当东方文明的代言人。

在《茶之书》中，冈仓天心提到，“对于近代中国人来说，茶只不过是一种可口的饮料，与人生理念并无任何关联。国家连绵不断的灾难，已经使他们丧失了追求人生意义的热情。他们慢慢地变成了‘现代人’，换言之，就是变得缺乏朝气，变得更为实际了。”这个例子，与我们当今的很多人颇有相似之处。他们整天忙忙碌碌，为了名利而埋头苦干，甚至连坐下来喝一杯茶水都没有工夫，更不用说静下心来，认真地思考自己的人生。

梁实秋曾写过《喝茶》一文，开篇便说道：我不善品茶，不懂《茶经》，不懂道……最后谈到工夫茶中的火炉距离七步，他很怕说错，小心翼翼。周作人也有一篇文章谈到了吃茶，说徐志摩谈过日本茶道。“茶道就是忙里偷闲，苦中作乐。”他读过《茶之书》这本书，还为它写了序言。序言中说，30 年代出过《茶之书》，他为了写序言，把冈仓天心的三部曲认真地加以细读。最后得出一个结论，为什么中国没有茶道？因为中国人对道和禅没有进行深入的了解。

一百多年前，一个日本人借助于《茶之书》积极地向西方介绍了东方的文化，极大地促进了西方社会对东方的全面认识和理解。今天，我们也在对话西方，并提倡东西方文化的交流互见。但是，我们似乎从西方搬来的很多，而输出的却很少。对此，我们应该深刻地反省自己。构建人类命运共同体不能没有中国的声音！世界各国人民的合作共赢更离不开中国的力量！眼下，中国倡导的“一带一路”建设正在世界各地如火如荼地开展，我们应该趁势而为，在与世界各国进行经济合作和产能输出的同时，更积极地开展文化方面的交流与合作，让“古老”又“崭新”

的中国声音响彻全球。

这也是时代的呼唤！

2017年10月于雅竹斋